KB006705

신기하고 오싹한
기생생물 이야기

나리타 사토코 지음
남수현 옮김

시그마북스
Sigma Books

신기하고 오싹한 기생생물 이야기

발행일 2020년 12월 1일 초판 1쇄 발행
지은이 나리타 사토코
그린이 무라바야시 타카노부
옮긴이 남수현
발행인 강학경
발행처 시그마북스
마케팅 정제용
에디터 장민정, 최윤정, 최연정
디자인 김문배

등록번호 제10-965호
주소 서울특별시 영등포구 양평로 22길 21 선유도코오롱디지털타워 A402호
전자우편 sigmabooks@spress.co.kr
홈페이지 http://www.sigmabooks.co.kr
전화 (02) 2062-5288~9
팩시밀리 (02) 323-4197
ISBN 979-11-90257-88-6(03470)

* 시그마북스는 (주) 시그마프레스의 자매회사로 일반 단행본 전문 출판사입니다.

머리말

‘기생’이라는 말을 들으면 여러분은 어떤 이미지가 떠오르시나요? 왠지 모르게 기분 나쁘다, 교활할 것 같다, 자기 잇속만 차릴 것 같다, 온몸이 근질거린다 등 부정적인 이미지가 대부분일 것입니다. 하지만 기생은 ‘공생’의 한 형태이며, 공생은 어떤 생물과 다른 생물이 단순히 같은 장소에 있는 것을 가리키는 말입니다. 공생에는 서로에게 이익이 되는 상리공생과 한쪽만 이익을 얻는 편리공생 외에 한쪽은 이익을 얻고 다른 한쪽은 피해를 보는 형태가 있는데, 바로 이것을 가리켜 기생이라고 합니다. 이 책에서는 기생생물 중에서도 숙주를 세뇌해 자신에게 유리한 방향으로 조종하는 기술을 가진 특별한 기생생물들을 소개하고 있습니다.

바퀴벌레를 노예처럼 부리는 에메랄드는쟁이벌, 헤엄을 못 치는 사마귀를 물에 빠져 죽게 만드는 연가시, 개미의 뇌를 점령해 자기가 원하는 장소에서 죽게 만드는 버섯. 그리고 몸속을 파먹혀 죽기 일보 직전인 상태에서도 기생생물의 유충을 보호하기 위해 싸우는 애벌레, 기생충 감염으로 고양이에 대한 두려움을 잃게 되어 스스로 먹이가 되기를 자처하는 생쥐 등 이 책에서는 무시무시한 세뇌술에 기반한 기생 관계를 살펴보고자 합니다.

각 장에서는 기생생물을 소개하기에 앞서 그 기생생물과 숙주를 주인공으로 한 짧은 이야기를 실어두었습니다. 만약 내가 기생생물이라면? 혹은 기생 당한 숙주라면? 이런 상상을 해보며 재미있게 읽어주시면 감사하겠습니다.

차례

사마귀와 연가시
수생곤충에게 잡아먹힌 연가시 유충은 → 곤충의 배 속에서 휴면(포낭) 상태로 변신한다!
배 속
수생곤충은 날개가 생기면 육지로 올라가 사마귀 등에게 잡아먹힌다.
잡았다!
아, 지금 당장 뛰어들고 싶어….
연가시는 사마귀 배 속에서 성장한 후, 사마귀를 물에 뛰어들도록 조종한다.
앗!
덜덜
둥둥
강에서 죽은 곤충들은 우리 민물고기들의 귀중한 먹이가 된다.
이제 내 짝을 찾으러 가야지♪

물속 세상에 대한 동경 – 어느 사마귀의 이야기

'절대로 강 가까이에 가면 안 된다'는 가르침을 나는 지금까지 잘 지켜왔다.

우리 사마귀들은 헤엄을 칠 수 없기 때문에 물가에 가까이 가는 것을 금기시했다. 특히 어릴 때는 물이 더 무서웠기에 강 가까이 가고 싶다는 생각 자체를 하지 않았다.

하지만 좋아하는 하루살이를 열심히 잡아먹다 보니 어느새 내 몸은 쑥쑥 자랐고, 물은 더 이상 내게 두려움의 대상이 아니게 되었다.

오히려 태양 아래 반짝반짝 빛나는 수면을 보면 좀 더 가까이 다가가 물속을 들여다보고 싶어졌다.

그래서 오늘은 혼자 몰래 강에서 제일 가까운 바위 위에 올랐다.

얼마 지나지 않아 엉덩이 쪽이 근질거렸지만, 그런 건 아무래도 상관없었다.

가까이서 바라본 강은 숨이 막힐 정도로 아름다웠다. 눈앞에 환하게 빛나는 세상이 펼쳐진 느낌이랄까.

이렇게 눈부시게 빛나는 세계에서는 뭔가 멋진 일이 기다리고 있을 것만 같았다. 그래서 딱 한 번만이라도 좋으니 물속에 들어가서 직접 확인하고 싶었다.

결국 나는 내 안의 욕구를 억누르지 못하고 무언가에 홀린 듯 그만 강으로 들어가 버렸다.

'수, 숨을 못 쉬겠어….' 조금 전까지만 해도 아름답게 보이던 물속은 그저 차갑기만 하고 숨조차 제대로 쉴 수 없는, 고통으로 가득 찬 세계였다. 물살에 휩쓸려 정신이 아득해질 때 내가 마지막으로 본 것은, 항문에서 스르르 기어 나오는 기다란 뱀과 같은 무언가였다.

헤엄도 못 치는 사마귀를 스스로 물에 빠져 죽게 하는 연가시의 놀라운 조종술

물에 뛰어들어 생을 마감하는 사마귀의 이야기를 먼저 살펴보았습니다.

물속에서 헤엄치지 못하는 귀뚜라미나 사마귀, 꼽등이 같은 곤충들은 물에 뛰어들면 그대로 빠져 죽거나 물고기 밥이 되는 수밖에 없습니다. 그런데도 왜 물에 뛰어드는 것일까요?

이렇게 스스로 물에 빠져 죽는 곤충들의 몸속에는 숙주의 행동을 조종하는 존재가 살고 있습니다. 바로 '연가시'라는 생물입니다. 철사벌레, 철선충이라고도 하는데 정확히 말해 곤충은 아닙니다. 매우 단순한 형태의 동물로 다리뿐만 아니라 눈도 없습니다. 철사벌레라는 이름에서 알 수 있듯이 성체는 마치 한 줄의 철사처럼 보입니다.

철사 같아서 철사벌레?

연가시는 유선형동물문 연가시강 연가시목에 속하는 생물의 총칭입니다. 지구상에 2,000여 종이 존재하며, 일본에는 14종이 등록되어 있습니다.

종류에 따라 몸길이가 몇 센티미터에 불과한 것부터 1미터에 달하는 것까지 있으며, 표면은 큐티클이라고 하는 단단한 막으로 덮여있습니다. 건조해지면 이 막이 철사처럼 딱딱해지기 때문에 철사벌레라는 이름이 붙은 것입니다. 실제로 연가시와 관련된 동영상을 찾아보면 알 수 있듯이, 연가시는 지렁이처럼 유연한 움직임 대신 삐걱대며 몸부림치는 듯한 독특한 움직임을 보입니다.

그렇다면 이렇게 단순한 형태를 한 연가시가 어떻게 사마귀 같은 곤충의 몸에 들어가 자기보다 몇 배나 더 큰 곤충을 조종해서 물에 빠져 죽게 하는 것일까요? 지금부터 연가시의 생애를 간단히 살펴보도록 하겠습니다.

연가시의 탄생

우선 연가시가 알을 낳는 장면부터 살펴보겠습니다. 연가시는 매우 단순한 형태이긴 하지만 엄연히 수컷과 암컷이 있어 짝짓기를 통해 알을 낳습니다. 짝짓기는 물속에서 이루어집니다.

넓은 강 한가운데서 이렇게 작은 생물의 암수가 서로 만날 확률은 매우 낮아 보이는데, 연가시가 어떻게 짝을 찾아내는지에 대해서는 아쉽게도 아직까지 밝혀진 것이 없습니다. 아무튼 다들 어떻게든 짝짓기 상대를 찾아냅니다. 그리고 암수가 만나면 서로 휘감은 상태에서 암컷이 수컷으로부터 정자를 받아 수정을 하고, 물속에 대량의 알을 낳습니다.

알은 물속에서 1~2개월에 걸쳐 세포 분열을 거듭하며 유충의 형태를 띠게 됩니다. 이윽고 알에서 나온 연가시 유충은 강바닥에서 '어떤 일'이 일어나기를 조용히 기다립니다. 무엇을 기다리는 것일까요? 연가시가 기다리는 것은 놀랍게도 자기를 잡아먹어 줄 상대입니다. 깔따구나 하루살이 같은 수생곤충은 유충일 때는 강에서 생활하며 물속 유기물을 먹이로 삼습니다. 연가시는 이런 곤충에게 잡아먹히기를 기다리고 있는 것입니다.

그렇게 먹이가 된 연가시로서는 이대로 곤충 몸속에서 소화되어 버릴 수는 없는 노릇이겠지요. 이 작디작은 연가시 유충은 '무기'를 가지고 있습니다. 바로 몸에 언제든 꺼내거나 집어넣을 수 있는 톱니 같은 것이 달려있는 것입니다.

장구벌레 등에게 잡아먹힌 연가시 유충은 이 톱니를 사용해 곤충의 장 속으로 파고 들어갑니다. 그리고 그 안에서 적당한 장소를 발견하면 포낭 상태로 변신합니다.

포낭 상태는 연가시로서는 가장 강력한 휴면 모드입니다. 애벌레 같은 몸을 잘 접어 껍질을 만들고 휴면 상태에 들어가는 것입니다. 포낭 상태에서는 바깥 기온이 영하 30도까지 떨어져도 얼어죽지 않고 살아남을 수 있습니다. 연가시는 이 상태로 다시 강에서 육지로 올라갈 기회를 기다립니다.

강에서 육지로

강에서 생활하던 하루살이의 유충이나 장구벌레는 성충이 되면 날개가 생깁니다. 그리고 강을 떠나 육지에서 생활하게 됩니다. 배 속에는 잠자는 연가시 유충이 있습니다.

이윽고 육지에서 생활하는 사마귀 같은 더 큰 육식 곤충이 배 속에 연가시 유충이 들어있는 하루살이 유충이나 장구벌레를 잡아먹습니다.

이렇게 해서 사마귀 몸속으로 들어간 연가시 유충은 잠에서 깨어납니다. 사마귀의 소화관에 들어가 영양분을 흡수하며 작게는 몇 센티미터에서 크게는 1미터까지 길어집니다. 몸의 표면을 통해 양분을 흡수하기 때문에 입이 따로 없으며 소화기관도 존재하지 않습니다. 사마귀 배 속에 있는 연가시는 이제 더 이상 유생이 아닙니다. 겉보기에도 어엿한 철사 모양을 띠게 되지요. 번식 능력도 갖추게 됩니다. 이렇게 되면 연가시는 온몸이 근질근질해집니다. 왜 그럴까요? 인간도 마찬가지입니다만, 아이가 어른이 되면 짝이 될 이성을 찾아 나서게 되기 때문입니다.

하지만 앞서 말했듯이 연가시의 짝짓기는 물속에서 이루어집니다. 즉, 힘들게 육지로 올라왔지만, 짝짓기 상대를 찾으려면 다시 강으로 돌아가야 합니다.

그래서 숙주 곤충의 뇌를 조종해 물가로 유도하는 것입니다.

연가시에게 조종당한 사마귀의 최후

연가시가 기생하는 사마귀와 같은 육지 곤충은 절대로 강에 뛰어들지 않습니다. 하지만 앞서 이야기한 것처럼 몸속에 연가시가 들어있는 사마귀는 무언가에 홀린 듯 강가로 가서 물속에 뛰어들게 됩니다.

그 결과, 물에 빠진 사마귀의 항문에서 기다랗게 성장한 연가시가 스르르 기어 나옵니다. 그렇게 강으로 돌아간 연가시는 상대를 찾아 짝짓기를 하고 다시 알을 낳습니다.

연가시는 어떻게 사마귀를 물에 뛰어들게 할까?

연가시가 숙주 곤충을 물가로 유도한다는 것은 예전부터 잘 알려진 사실이었습니다. 하지만 어떻게 숙주의 행동을 조종하는지에 대해서는 밝혀진 바가 없었습니다. 아직도 베일에 싸인 부분이 많지만 2002년, 프랑스 연구팀이 연가시의 숙주 조종 방법 중 일부를 밝혀내는 데 성공했습니다.

연구에서는 Y자 갈림길을 만들어 한쪽 길 끝에는 물웅덩이를 설치하고, 다른 쪽 길 끝에는 아무것도 설치하지 않았습니다. 그리고 연가시가 기생하고 있는 귀뚜라미들과, 연가시가 기생하고 있지 않은 귀뚜라미들을 풀어놓았습니다.

그러자 두 무리 모두 물웅덩이가 있는 쪽과 없는 쪽으로 절반씩 가는 것으로 확인되었습니다. 즉, 연가시가 기생하고 있다고 해서 물을 향해 가게 되는 것은 아니라는 말입니다.

그런데 우연히 물웅덩이가 있는 쪽으로 가게 된 귀뚜라미들 간에는 차이가 있었습니다. 연가시가 기생하고 있지 않은 귀뚜라미는 물웅덩이에 도착해도 헤엄을 못 치기 때문에 물에 들어가지 않고 멈추어 섭니다. 하지만 연가시가 기생하고 있는 귀뚜라미는 물가에 도착하기가 무섭게 대부분 물에 뛰어들었습니다.

이 결과를 본 연구자들은 빛을 반사해 반짝이는 수면에 귀뚜라미가 반응하는 것이 아닌가라는 가설을 세우고, 이번에는 물이 아닌 빛에 반응하는지 알아보는 실험을 했습니다. 그 결과, 연가시가 기생하고 있는 귀뚜라미는 빛에 반응하는 행동을 보였습니다.

2005년, 같은 연구팀이 이번에는 귀뚜라미 뇌에서 발견한 단백질을 조사했습니다. 귀뚜라미를 연가시가 기생하고 있는 개체, 기생하고 있지 않은 개체, 기생하고 있지만 아직 행동은 조종당하지 않은 개체, 기생 당한 후 항문에서 연가시가 빠져나간 개체 등으로 나누고, 각각의 뇌 속 단백질을 비교해본 것입니다.

그 결과, 연가시에게 행동을 조종당하고 있는 귀뚜라미의 뇌에서만 발견되는 몇 가지 단백질이 있다는 사실이 밝혀졌습니다. 이들 단백질은 신경의 이상 발달, 장소 인식, 빛에 대한 반응과 관련된 행동 등에 관계하는 단백질과 비슷한 것으로 나타났습니다.

또 연가시가 기생하고 있는 귀뚜라미의 뇌에서는 연가시가 만든 것으로 보이는 단백질도 발견되었습니다. 배 속에 있는 기생자가 뇌 속 물질까지 만들어내 숙주를 조종하고 있었다는 놀라운 사실이 밝혀진 것입니다.

이들 연구를 통해 연가시는 기생하고 있는 귀뚜라미의 신경 발달을 교란시켜 빛에 이상반응을 보이도록 만듦으로써 귀뚜라미가 반짝이는 수면 근처에 가면 뛰어들도록 조종하는 것이 아닌가라고 추측해볼 수 있게 되었습니다.

강에 빠져 죽은 곤충은 물고기의 중요한 식량자원

연가시에게 기생 당해 강에 빠져 죽은 곤충들은 무수히 많습니다. 하지만 이 곤충들의 죽음이 의미 없는 것이 아니라 강이나 숲 생태계에 중요한 역할을 한다는 사실이 연구를 통해 밝혀졌습니다.

2011년 발표된 연구에서는 연가시가 기생하고 있는 꼽등이를 대상으로 강 주위를 비닐로 덮어 뛰어들지 못하게 한 구역과 자연상태 그대로인(물에 빠져 죽기 좋은?!) 구역을 2개월간 관찰했습니다.

그 결과, 강에 서식하는 민물고기는 총 에너지양의 60퍼센트를 강에 빠져 죽은 꼽등이로부터 얻는다는 사실이 밝혀졌습니다. 민물고기 먹이 중 절반 이상이 스스로 물에 빠진 곤충이었던 것입니다.

한편, 꼽등이가 뛰어들지 못하게 한 구역에서는 민물고기가 꼽등이 대신 수생곤충류를 많이 잡아먹었습니다. 즉, 꼽등이가 들어갈 수 없는 하천에서는 수생곤충이 민물고기에게 먹혀 그 수가 줄어듭니다. 이 수생곤충들의 먹이는 조류藻類와 낙엽입니다. 때문에 강에 사는 수생곤충이 줄면 이들의 먹이가 되지 않고 살아남은 조류의 현존량이 2배로 늘어납니다. 동시에 수생곤충이 낙엽을 분해하는 속도는 약 30퍼센트 감소하는 것으로 나타났습니다.

이처럼 곤충의 몸속에 사는 작은 기생자인 연가시는 숙주를 조종해 강에 빠져 죽게 할 뿐만 아니라 하천 생태계에도 큰 영향을 미치고 있었던 것입니다.

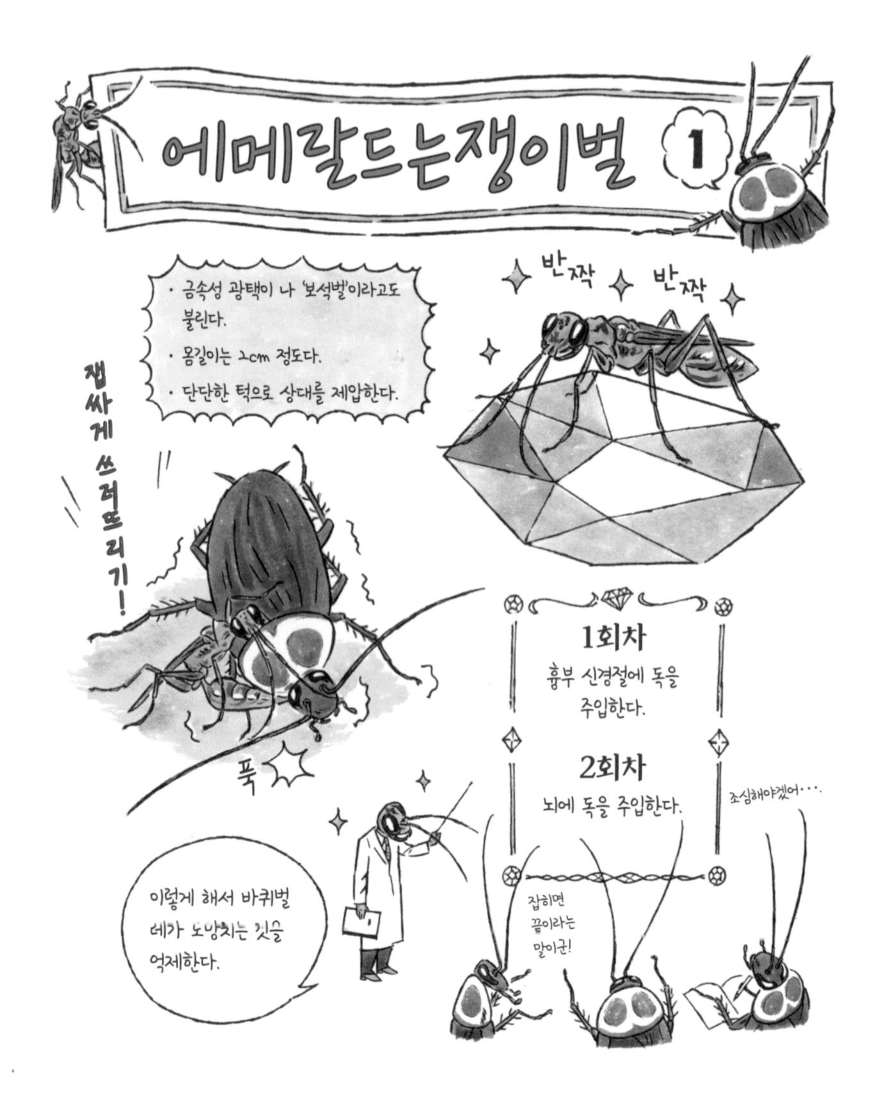

에메랄드는쟁이벌 1
· 금속성 광택이 나 '보석벌'이라고도 불린다.
· 몸길이는 2cm 정도다.
· 단단한 턱으로 상대를 제압한다.
반짝 반짝
잽싸게 쓰러뜨리기!
푹
1회차
흉부 신경절에 독을 주입한다.
2회차
뇌에 독을 주입한다.
조심해야겠어…
이렇게 해서 바퀴벌레가 도망치는 것을 억제한다.
잡히면 끝이라는 말이군!

에메랄드는쟁이벌과의 만남 – 어느 바퀴벌레의 이야기

'대체 이 어두컴컴한 동굴에 갇힌 지 얼마나 됐지?' 녀석이 어제 걸어 나간 출구를 바라보며 생각했다.

저 출구로 나가면 눈부시게 빛나는 태양 아래서 예전처럼 자유롭게 놀 수 있을 것이다. 설사 출구가 흙으로 막혔어도 얼마든지 뚫을 수 있을 것이다.

하지만 어째선지 그럴 마음이 들지 않는다.

요 며칠 간의 기억은 영 흐릿해서 띄엄띄엄 기억날 뿐이다. 분명 뭔가 중요한 걸 잊은 것 같은데, 빨리 생각해내야 하는데 말이다.

처음 녀석을 만난 곳은 어디였더라. 그래, 근처에 있는 초원이었다. 내가 열심히 먹을 것을 찾아 헤맬 때 멀리서 부웅 하는 날갯소리가 들려와 '벌들이 근처에서 꿀을 찾나 보다' 하고 생각한 기억이 난다. 바로 그 순간, 가슴이 따끔했다.

깜짝 놀라 돌아보니 반짝반짝 빛나는, 마치 에메랄드 보석처럼 생긴 벌이 내 가슴을 찌르고 있었다. 아프기도 하고 갑작스런 습격에 화가 나기도 해서 녀석을 단박에 내치려 했다. 녀석은 고작해야 내 절반도 안 되는 크기였으니까.

이런 녀석을 내치는 건 일도 아니라는 생각에 나는 재빨리 다리를 사용해 나를 덮치려는 녀석에게 맞섰다. 하지만 녀석은 턱으로 나를 물고 놓지 않았다.

'뭐야, 이 자식, 엉덩이에서 침을 내밀고 있잖아. 날 쏘려고 하는군. 호락호락 당하고 있을 순 없지. 그런데 어라, 다리에 힘이 들어가질 않네.'

점점 다리의 감각이 사라지고 힘이 풀렸다. 녀석은 그 틈을 놓치지 않고 움직임이 둔해진 나를 덮쳤다. 순간 침이 눈앞을 스치는가 싶더니 머리에 날카로운 아픔이 느껴졌다. 그리고는 의식이 몽롱해지더니 눈앞이 깜깜해졌다.

바퀴벌레를 노예로 부리는 보석처럼 반짝이는 벌의 치밀하고 대담한 세뇌술

반짝이는 벌의 습격을 받은 것은 이질바퀴라고 하는 바퀴벌레의 일종입니다. 살면서 한두 번 정도는 집에서 보게 되는 바로 그 녀석입니다.

바퀴벌레는 전 세계에 약 4,000종이 존재합니다. 바퀴벌레의 수는 1조 4,853억 마리에 달하며, 일본에는 약 236억 마리가 서식하는 것으로 추정됩니다. 대충 계산해보면 일본인 한 명당 바퀴벌레 200마리가 존재한다는 말입니다. 이게 많은 편인지 적은 편인지는 사람에 따라 생각이 다를 수 있겠지만, 아무튼 바퀴벌레는 여러모로 놀라운 곤충입니다.

바퀴벌레의 놀라운 점 네 가지

첫 번째로 바퀴벌레는 굉장히 오래전부터 지구상에 존재해왔습니다. 지금으로부터 약 3억 년 전인 고생대 석탄기부터 살아온 가장 오래된 곤충 중 하나입니다. 크기나 형태는 그때나 지금이나 거의 같습니다. 3억 년 전이라고 하면 인류는커녕 포유류 자체가 지구에 존재하지 않던 시절인데, 그때부터 지금까지 멸종되지 않고 기적적으로 살아남은 곤충이라고 할 수 있습니다. 어쩌면 우리는 수억 년에 걸쳐 생명을 이어온 이들과 공존하고 있다는 사실에 경의를 표해야 할지도 모르겠습니다.

두 번째로 바퀴벌레는 편식을 하지 않고 아무것이나 잘 먹습니다. 원래 곤충들은 대부분 특정 식물이나 곤충만 먹습니다. 말하자면 편식이 심한 편입니다. 물론 정확히 말하자면 편식 같은 취향의 문제가 아니라, 종 특성상 다른 것을 먹더라도 체내에서 영양분으로 흡수되지 않기 때문이기는 합니다. 하지만 바퀴벌레는 무엇이든 잘 먹는 잡식성입니다. 인간이 먹다 남긴 것은 물론이고 집의 벽지나 책, 나아가 같은 바퀴벌레의 사체나 배설물까지도 아무렇지 않게 먹으며 생명을 이어갑니다.

세 번째로 바퀴벌레는 번식력이 매우 뛰어납니다. 암컷 바퀴벌레는 한 번의 교미로 여러 번 알을 낳을 수 있으며, 그때마다 많은 알이 담겨있는 알집인 난초를 떨어뜨립니다. 1센티미터 정도 되는 이 알집은 언뜻 보기에는 약간 큰 팥알처럼 보이며, 매우 단단한 껍질로 덮여있기 때문에 살충제를 뿌려도 죽지 않습니다.

일반 가정에서 볼 수 있는 먹바퀴의 알집 1개에는 22~28개 정도의 알이 들어있습니다. 그리고 암컷 바퀴벌레의 산란 횟수는 15~20번 정도 됩니다. 즉, 암컷 바퀴벌레 한 마리가 새끼 바퀴벌레 500마리 정도를 낳을 수 있다는 말입니다. '집에서 바퀴벌레 한 마리를 발견하면 실제로는 100마리가 있는 거다'라는 말이 있는데, 정확히는 '집에서 암컷 바퀴벌레 한 마리를 발견하면 실제로는 500마리가 있는 거다'라고 해야 맞습니다.

네 번째로 바퀴벌레는 매우 민첩합니다. 이질바퀴의 경우, 1초에 약 1.5미터를 이동할 수 있습니다. 다시 말해 1초에 자기 몸길이의 40~50배에 해당하는 거리를 이동하는 것입니다. 인간으로 환산하면 초속 85미터 정도가 되는데, 이는 일본의 고속철도보다 빠른 속도입니다.

어쩌면 인간이 바퀴벌레를 무서워하고 싫어하게 된 것은 이처럼 알면 알수록 대단한 바퀴벌레의 능력에 열등감을 느끼기 때문인지도 모르겠습니다. 그런데 이렇듯 모두가 싫어하는 바퀴벌레를 마음대로 조종하고 노예처럼 부리는 벌이 있습니다.

바퀴벌레를 습격하는 아름다운 벌

바퀴벌레를 습격하는 것은 에메랄드는쟁이벌이라고 하는 기생벌입니다. 이 벌은 이름처럼 에메랄드 보석 같은 모습을 하고 있습니다. 전체적으로 금속성 광택을 띠는데, 다리 일부는 오렌지색이지만 그 밖에는 모두 빛나는 에메랄드색이어서 마치 아름다운 금속 장식품을 보는 것 같습니다. 이처럼 아름다운 모습을 하고 있기 때문에 '보석말벌'이라고도 부릅니다.

에메랄드는쟁이벌은 주로 남아시아, 아프리카, 태평양제도 등 열대 지방에 분포하는 구멍벌(는쟁이벌의 일종)의 친척으로, 몸길이는 2센티미터 정도 됩니다. 아쉽게도 일본에는 서식하고 있지 않습니다.

에메랄드는쟁이벌의 영어 명칭(emerald cockroach wasp)을 살펴보면 '에메랄드(emerald)' 외에 '바퀴벌레(cockroach)'라는 단어가 들어있는 것을 알 수 있습니다. 이름에서 알 수 있듯이 이 벌은 바퀴벌레만 공격합니다. 에메랄드는쟁이벌이 습격하는 대상은 이질바퀴나 집바퀴 등 자기보다 2배 이상 몸집이 큰 바퀴벌레들입니다.

앞서 설명했듯이 바퀴벌레는 매우 민첩하기 때문에 얼마든지 도망치거나 날아가 버릴 수 있습니다. 따라서 에메랄드는쟁이벌이 자기보다 몇 배나 더 크고 재빠른 바퀴벌레를 덮쳐서 성공할 확률은 상당히 낮아 보입니다. 하지만 에메랄드는쟁이벌에게는 숨겨둔 계책이 있습니다.

그 치밀하고 대담한 술책이 무엇인지 살펴보도록 하겠습니다.

도망칠 생각을 하지 않게 되는 바퀴벌레

에메랄드는쟁이벌은 우선 도망치려고 하는 바퀴벌레를 위에서 덮친 후 턱으로 물어 움직이지 못하게 만듭니다. 그리고 재빨리 침을 쏩니다. 침을 쏘는 곳은 매우 치밀하게 정해져 있습니다.

2003년에 실시한 한 연구를 통해 에메랄드는쟁이벌이 바퀴벌레의 어느 부위에 침을 쏘는지가 밝혀졌습니다. 이 연구에서는 방사성 동위체를 추적 지시제로 사용해 벌의 독이 바퀴벌레의 몸 어디로 향했는지를 추적했습니다. 그 결과, 독은 바퀴벌레의 흉부 신경절로 들어갔다는 사실을 알게 되었습니다. 또 이곳에 독을 주입하면 바퀴벌레의 앞다리가 마비된다는 사실도 밝혀졌습니다.

이 첫 번째 마취는 두 번째 주입을 위한 준비 단계에 해당합니다. 앞다리가 마비된 바퀴벌레는 몸을 거의 움직이지 못합니다. 그 사이 에메랄드는쟁이벌은 좀 더 정확하게 조준해서 바퀴벌레의 뇌에 독을 주입합니다.

두 번째 주입에서는 벌의 독이 바퀴벌레의 도피반사(팔과 다리에 강한 자극을 받았을 때, 몸을 향하여 오므리는 반응-옮긴이)를 제어하는 신경세포로 흘러 들어갑니다. 즉 첫 번째 주입으로 바퀴벌레를 움직이지 못하게 만들고, 두 번째 주입으로 도망치려는 행동 자체를 억누르는 것입니다.

두 번째 주입의 효과와 관련해서 2007년에 발표된 논문이 있습니다. 이 논문에서는 에메랄드는쟁이벌의 독이 신경전달물질인 옥토파민의 수용체를 차단함으로써 바퀴벌레의 도망치려는 행동을 억제한다는 사실을 증명하고 있습니다.

도망칠 마음이 사라진 바퀴벌레는 이제 어떻게 되는 것일까요?

에메랄드는쟁이벌 2
소중한 더듬이가 양쪽 다 잘려 나간 후, 땅속 구멍으로 연행된다.
앗!
에잇!
싹둑
어디까지 끌려가는 걸까···.
터벅터벅
이제 우리 아이들은 안전해 ♪
와르르···
알
도대체 뭐가 뭔지···.
구멍 안에서 에메랄드는쟁이벌은 바퀴벌레 다리에 알을 낳는다.
Hello world!
꼴까~~~닥
알에서 깨어난 유충은 바퀴벌레 몸속으로 들어가 바퀴벌레의 내장을 포식하며 번데기가 되고 4주 후, 성충이 되어 사체를 뚫고 나온다!

세뇌당한 나 - 어느 바퀴벌레의 후일담

문득 정신을 차려보니 앞다리에 힘이 돌아와 있었다. 나는 몸을 벌떡 일으켰다. 눈앞에 반짝반짝 빛나는 녀석이 서 있었다. 녀석은 내 쪽으로 천천히 다가왔다.

'도망쳐야 해. 또 무슨 짓을 당할지 몰라.' 이런 생각도 들고, 몸도 움직인다. 그런데 어찌 된 일인지 도망칠 마음이 들지 않아 다가오는 녀석을 가만히 바라보고 있었다.

녀석은 내 얼굴 가까이 오더니 너무나도 소중한 내 양쪽 더듬이를 중간에서 싹둑 잘라버렸다.

빛을 느끼고, 냄새를 맡고, 날씨를 감지하고, 먹을 것이 어디 있는지를 알려주는, 단 2개밖에 없는 소중한 내 더듬이를 녀석은 아무런 망설임도 없이 두 동강 내버렸다. 그때 죽을 각오로 덤볐다면 녀석으로부터 도망칠 수 있었을지도 모른다. 하지만 도무지 그럴 마음이 들지 않았다.

녀석은 나를 데리고 어디론가 이동하려는 듯 절반밖에 남지 않은 내 더듬이를 당기며 따라오라고 했다. 나는 그저 녀석이 이끄는 대로 따라가는 수밖에 없었다.

그 결과, 지금 이 어두컴컴한 동굴 속에 있는 것이다.

그리고서 녀석이 나한테 무슨 짓을 했더라? 뭔가 굉장히 기분이 나빴던 건 기억이 나는데…. 으으, 머리가 멍하다. 뭔가 더 중요한 걸 기억해내야 할 것만 같은데….

잠깐, 생각났다.

그리고서 녀석은 내 다리에 작고 동그란 알을 낳기 시작했다. 나는 몇 번이나 '그런 역겨운 짓은 그만둬'라고 말하고 싶었다.

하지만 말하지 않았다. 녀석의 작은 알 정도는 내 유연한 다리를 사용해 얼마든지 털어내 버릴 수도 있었지만, 나는 그렇게도 하지 않았다. 왠지 그럴 필요가 없다는 생각이 들었기 때문이다.

며칠 뒤, 내 다리 위의 작은 알에서 조그만 애벌레들이 기어 나왔다. 그리고는 천천히 내 몸에 구멍을 뚫더니 배 속으로 꾸물꾸물 기어 들어갔다.

나는 잠자코 그걸 지켜보고 있었다. 이게 대체 어떻게 된 일이람.

내 안으로 들어간 녀석들은 지금쯤 뭘 하고 있을까. 배 속에서 꿈틀대는 녀석들의 움직임이 하루가 다르게 강해지는 느낌이 든다.

에메랄드는쟁이벌이 강행하는 뇌수술과 바퀴벌레의 처참한 말로

정신이 멍해지는 바퀴벌레

다른 곤충이나 거미를 잡아서 집에 가져가 새끼에게 먹이로 주는 벌을 '사냥벌'이라고 합니다. 이들 사냥벌은 한 발의 독으로 사냥감을 가사 상태로 만들어 집으로 가져갑니다. 즉, 자기가 옮길 수 있는 크기의 사냥감만 표적으로 삼습니다.

하지만 에메랄드는쟁이벌의 사냥감은 자기보다 몇 배나 더 큰 이질바퀴입니다. 이질바퀴를 가사 상태로 만들면 자기 힘으로 집으로 옮기는 것이 불가능합니다. 그래서 가사 상태로 만들지 않고 더 복잡한 독을 조합해 사냥감 스스로 움직이게 합니다.

그럼 두 번째 독을 뇌에 주입 당한 바퀴벌레가 어떻게 되는지 살펴보도록 하겠습니다.

바퀴벌레는 마취에서 깨면 아무 일도 없었던 것처럼 몸을 일으킵니다. 상처도 거의 없고 건강한 상태입니다. 하지만 첫 번째 독을 주입 당했을 때와 달리 이제는 더 이상 저항하거나 달아나려고 하지 않습니다. 앞 장에서 말했듯이 도피반사를 제어하는 신경세포에 독이 퍼졌기 때문입니다.

도망치지 않게 된 바퀴벌레는 마치 벌에게 휘둘리는 노예 같습니다. 자기 발로 걸을 수도 있고, 몸단장을 하는 등 언뜻 보기에는 평소와 크게 달라 보이지 않지만, 움직임은 현저히 둔해지며 자기 의사로 움직이는 일은 거의 없습니다.

이처럼 두 번째 독을 주입 당한 바퀴벌레는 약 72시간 동안 침해반사(통증 등의 침해 자극에서 벗어나려고 해서 생기는 사지의 굴곡 반응-옮긴이)나 헤엄치는 능력이 현저히 저하되지만, 날거나 몸을 뒤집는 능력은 그대로 유지된다고 합니다.

소중한 더듬이를 잘린 바퀴벌레

독이 퍼져 멍하니 있는 바퀴벌레에게 에메랄드는쟁이벌은 더 심한 짓을 합니다. 바퀴벌레의 양쪽 더듬이를 물어뜯는 것입니다.

바퀴벌레의 더듬이는 사람이 생각하는 것보다 훨씬 더 소중한 기관입니다. 더듬이에 의지해 생활하고 있다고 해도 과언이 아닐 정도입니다. 우선 더듬이는 장애물을 감지하는 역할을 합니다. 바퀴벌레는 더듬이로 느끼는 바람의 움직임이나 자극을 통해 장애물의 유무를 인식하고 어느 쪽으로 갈지를 정합니다. 또 먹이를 찾을 때도 더듬이를 사용합니다. 기다란 더듬이를 휘휘 저어 먹이를 찾아내는 것입니다.

이렇듯 중요한 역할을 하는 바퀴벌레의 더듬이를 에메랄드는쟁이벌은 가차 없이 두 동강 내버립니다. 잘린 더듬이에서는 바퀴벌레의 체액이 흘러나오는데, 벌은 이 체액을 빨아먹습니다.

바퀴벌레의 체액을 빨아먹는 것은 벌 자신의 체액을 보충하고, 바퀴벌레에게 주입한 독의 양을 조절하기 위해서입니다. 독이 너무 많으면 바퀴벌레가 죽어버리고, 너무 적으면 바퀴벌레가 도망쳐버릴 수 있기 때문입니다.

이처럼 뇌에 독을 주입하고, 이를 통해 행동을 제어하는 기술은 그야말로 인간이 한 '로보토미' 수술을 방불케 합니다.

사람을 상대로 이루어진 소름 끼치는 뇌수술

뇌의 전두엽 일부를 절제 또는 파괴하는 로보토미는 1935년, 포르투갈의 신경학자 에가스 모니스가 고안해낸 수술 방법입니다.

쉽게 흥분하는 정신병 환자나 자살 충동을 느끼는 우울증 환자가 이 수술을 받으면 감정의 기복이 사라지고 얌전해진다는 사실이 확인되었습니다.

따라서 로보토미는 정신질환에 큰 효과가 있다고 여겨졌으며, 에가스 모니스는 이 수술 방법을 개발한 공로를 인정받아 노벨 생리의학상을 수상했습니다. 그 후 20년 이상 로보토미는 전 세계적으로 대유행했고, 일본에서도 1975년까지 시행되었습니다.

로보토미는 '뇌를 잘라내는 수술'이기 때문에 두개골에 구멍을 뚫어 긴 메스로 전두엽을 자르거나, 안구를 통해 송곳 모양의 기구를 넣어 신경섬유를 절단하는 등의 방법이 사용되었습니다.

하지만 1950년대에 들어서자 로보토미의 무서운 면모가 서서히 밝혀졌습니다. 이 수술을 받은 환자는 지각, 지성, 감정과 같은 인간적인 요소를 상실하게 된다는 후유증이 잇따라 보고되었고, 이후 1960년대에 인권 사상이 대두됨에 따라 로보토미는 거의 모습을 감추게 되었습니다.

일본에서는 1942년에 처음 로보토미 수술이 이루어졌습니다. 제2차 세계대전 때부터 전후에 이르기까지 주로 조현병 환자를 대상으로 로보토미 수술이 이루어졌는데, 이 기간 동안 수술을 받은 환자는 3만~10만 명에 이른다고 합니다.

일본에서는 이 수술을 받은 환자가 본인의 동의 없이 수술을 한 의사에게 복수하기 위해 의사의 가족을 살해하는 사건이 일어나기도 했습니다.

강아지 산책이 아니라 바퀴벌레 산책

다시 불쌍한 바퀴벌레의 이야기로 돌아와 보겠습니다.

로보토미 같은 일을 당한 바퀴벌레는 도망쳐야겠다는 생각도 사라지고, 더듬이까지 잘려서 멍한 상태입니다. 본래의 민첩함은 어디서도 찾아볼 수 없습니다. 에메랄드는쟁이벌이 바퀴벌레의 짧아진 더듬이를 쭉쭉 잡아당기자 바퀴벌레는 그 방향으로 움직입니다. 마치 개를 산책시키는 듯한 모습입니다. 바퀴벌레는 그렇게 벌이 이끄는 대로 어떤 장소를 향해 자기 발로 걸어갑니다.

이들이 도착한 곳은 어두컴컴한 땅속 구멍입니다. 바로 어미 에메랄드는쟁이벌이 새끼들을 키울 장소로 미리 준비해둔 집입니다. 바퀴벌레가 자기 발로 걸어서 구멍 속 깊은 곳에 도착하면 에메랄드는쟁이벌은 바퀴벌레의 다리에 직경 2밀리미터 정도의 알을 낳습니다. 벌이 알을 낳는 동안 바퀴벌레는 꼼짝도 하지 않습니다.

벌은 알을 낳고 나면 혼자 구멍 밖으로 나가 구멍 입구를 흙으로 막아버립니다. 자기가 낳은 알과 바퀴벌레가 다른 포식자에게 발견되지 않도록 하기 위해서입니다. 그리고서 벌은 다음 알을 낳기 위해 또 다른 바퀴벌레를 찾아 날아갑니다.

구멍 속에 갇힌 바퀴벌레는 입구가 막혔는데도 아무런 움직임을 보이지 않습니다. 그저 가만히 앉아 알에서 새끼 벌이 나오는 것을 기다리고 있을 뿐입니다.

몸을 파먹히면서도 살아있는 바퀴벌레

벌이 알에서 깨어날 때까지는 사흘 정도 걸립니다. 그동안 바퀴벌레는 다리에 알을 붙인 채 가만히 앉아 시간을 보냅니다. 이윽고 알에서 깨어난 에메랄드는쟁이벌 유충은 바퀴벌레의 몸에 구멍을 내고 안으로 들어갑니다.

바퀴벌레는 물론 아직 살아있으며 어느 정도 자유롭게 움직일 힘도 남아있지만 아무런 저항도 하지 않습니다.

그리고 이후 약 8일 동안 바퀴벌레는 살아있는 채로 벌 유충에게 내장을 파먹힙니다. 벌이 바퀴벌레를 살려둔 채로 잡아먹는 데는 이유가 있습니다. 에메랄드는쟁이벌 유충은 죽은 고기가 아니라 신선한 고기로 영양을 섭취하고 싶어 하기 때문입니다. 그래서 유충은 번데기가 되어 먹이가 필요 없어질 때까지 바퀴벌레가 죽지 않도록 천천히 먹어갑니다.

죽어서도 도움을 주는 바퀴벌레

바퀴벌레의 내장을 배불리 먹은 에메랄드는쟁이벌 유충은 바퀴벌레의 몸속에서 자라 이윽고 번데기가 됩니다. 유충이 번데기가 되어 더 이상 먹이를 필요로 하지 않게 되면 바퀴벌레는 자신의 사명을 다하고 죽습니다.

하지만 속이 텅 빈 바퀴벌레에게도 아직 역할이 남아있습니다. 내장은 비었지만, 겉모습은 유지하고 있기 때문입니다. 곤충은 외골격이라고 해서 바깥쪽 껍질이 가장 딱딱한데, 이것이 내장이나 근육을 보호하는 기능을 합니다. 에메랄드는쟁이벌은 바퀴벌레의 껍질 안에서 번데기가 됩니다. 번데기의 모습을 한 4주 동안은 몸을 움직이지 못하는 무방비한 상태에 놓이기 때문에 그동안 바퀴벌레의 딱딱한 사체로 자기 몸을 보호하는 것입니다.

4주 후, 번데기에서 성충으로 진화한 에메랄드는쟁이벌은 바퀴벌레의 사체를 뚫고 나와 아름다운 에메랄드빛 자태를 뽐내며 날아갑니다.

에메랄드는쟁이벌이 바퀴벌레 대책으로 어떨까?

성충이 된 에메랄드는쟁이벌의 수명은 수개월 정도 됩니다. 그리고 암컷 에메랄드는쟁이벌은 단 한 번의 교미로 바퀴벌레에게 수십 개나 되는 알을 낳을 수 있습니다.

바퀴벌레는 해충이기 때문에 에메랄드는쟁이벌에게 사냥당하도록 내버려 두어도 괜찮지 않냐고 생각할 수도 있습니다. 연구자 중에도 이런 생각을 한 사람들이 있었습니다.

1941년, 한 연구팀이 바퀴벌레를 박멸하기 위한 목적으로 하와이에 에메랄드는쟁이벌을 풀어놓았습니다. 결과부터 말하자면, 아쉽게도 에메랄드는쟁이벌은 바퀴벌레 방제에 기대한 만큼의 효과가 없는 것으로 나타났습니다.

왜냐하면 에메랄드는쟁이벌은 자기 영역을 지키고자 하는 성향이 강하기 때문에 대량으로 풀어놓더라도 멀리까지 퍼지지 않았기 때문입니다. 또한 벌 한 마리가 알을 수십 개밖에 낳지 않기 때문에 바퀴벌레의 왕성한 번식력에 비하면 상대가 되지 않기도 했습니다.

일본에 서식하는 바퀴벌레를 사냥하는 벌

에메랄드는쟁이벌은 일본에는 서식하고 있지 않지만, 대신 가까운 친척이라고 할 수 있는 벌이 두 종류 있습니다(Ampulex dissector와 Ampulex tridentata Tsuneki). 이들은 모두 같은 는쟁이벌과에 속하며, 몸길이가 15~18밀리미터 정도로 에메랄드는쟁이벌보다 약간 더 작습니다.

일본의 아이치현 이남, 시코쿠, 규슈, 쓰시마섬, 다네가섬, 아마미

오섬, 이시가키섬, 이리오모테섬 등에 서식하고 있습니다.

두 벌 모두 에메랄드는쟁이벌과 마찬가지로 몸통은 금속 광택을 띤 에메랄드빛이며, 먹바퀴나 이질바퀴를 유충의 먹이로 삼습니다.

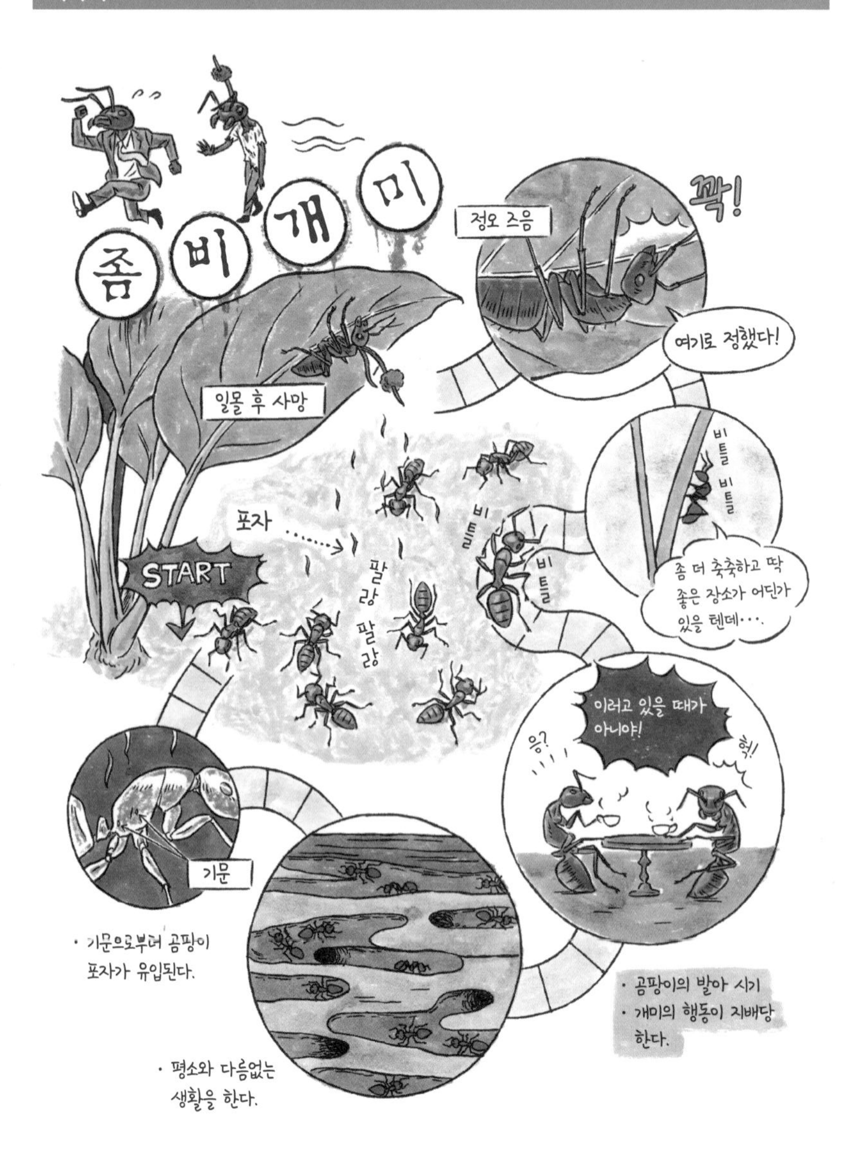

좀비개미
정오 즈음
꽉!
여기로 정했다!
일몰 후 사망
비틀 비틀
포자
비틀
비틀
START
팔랑 팔랑
좀 더 축축하고 딱 좋은 장소가 어딘가 있을 텐데···.
이러고 있을 때가 아니야!
응?
헉!
기문
· 기문으로부터 곰팡이 포자가 유입된다.
· 곰팡이의 발아 시기
· 개미의 행동이 지배당한다.
· 평소와 다름없는 생활을 한다.

공포의 밑바닥 - 어느 목수개미의 이야기

'이 이야기를 들려주어도 친구들은 절대로 믿지 않겠지. 내가 목격한 건 도저히 현실이라고는 생각할 수 없는 끔찍한 광경이었으니까. 그래, 분명 꿈일 거야. 이건 아무한테도 말하지 않고 빨리 잊어버려야 해.'

나는 그렇게 마음을 정리하고 조용히 눈을 감았다.

우리는 이곳 아마존 정글에서 꽤 유명한 존재다. 이 크고 멋진 턱을 좀 봐라. 이 턱만 있으면 동료와 함께 우리보다 몇 배나 큰 상대를 쓰러트릴 수도 있다.

게다가 우리는 나무 안에 아름다운 집을 지을 수도 있다. 그래서 사람들은 우리를 목수개미라고 부르기도 한다.

우리는 동료나 가족과 함께 사냥을 하거나 멋진 집을 짓는 데서 삶의 보람을 느낀다. 무리에서 벗어나 혼자 땡땡이를 치거나 게으름을 피우는 녀석은 거의 없다.

그런데 최근 이상한 소문을 들었다. 무언가에 홀린 듯 비틀거리며 무리에서 이탈하는 개미들이 있다는 소문이었다. 그리고 그렇게 무리를 벗어난 개미들은 두 번 다시 돌아오지 않는다고 했다.

소문을 듣기 전까지 나는 일에 열중하느라 무리를 벗어나는 개미가 있는 줄도 몰랐다. 하지만 이 이야기를 듣고 난 후에는 일을 하면서도 신경 써서 주위를 살피게 되었다.

그러던 어느 날, 무리에서 이탈하는 개미를 발견했다. 나는 서둘러 녀석의 뒤를 쫓았다. 녀석은 무리를 떠나 미친 듯이 걸으며 무언가를 찾는 듯했다.

그런데 녀석이 걸어가는 모습이 어쩐지 이상했다. 좌우로 휘청거리며 걷는 게 뭐랄까, 딱 좀비 같았다.

녀석은 축축한 장소에 다다르자 걸음을 멈추더니 눈앞에 놓인 풀줄기를 타고 올라갔다. 그리고 우리 목수개미의 자랑인 큰턱으로 잎사귀를 꽉 깨물었다. 나는 가까이에 몸을 숨기고 녀석이 무슨 짓을 하는지 계속 지켜봤다.

얼마나 시간이 지났을까. 조금 전까지 밝았던 주위가 어두워졌는데도 녀석은 여전히 잎사귀를 물고 있었다.

'아, 저 녀석, 죽었잖아!'

녀석은 큰턱으로 잎사귀를 문 채로 죽어 있었다.

'어… 어째서….'

나는 미동도 하지 않고 동료의 사체를 올려다보았다.

이윽고 해가 완전히 지고 적막한 어둠이 주위를 감쌌다. 달빛에 사체의 윤곽이 뚜렷이 드러났다.

'어차피 여기 계속 있어도 아무것도 할 수 없으니 무리로 돌아가 모두에게 내가 본 것을 알려야겠어.'

나는 돌아가기 전에 마지막으로 한 번 더 의문의 죽음을 맞은 동료의 모습을 확인하고자 고개를 돌렸다. 그런데 녀석의 머리에 무언가 붙어있는 것 같았다.

'저게 뭐지?'

나는 눈에 힘을 주고 어둠 속에 떠오르는 사체를 주시했다. 그러자 그 무언가가 머리에서 뻗어 나오는 게 보였다.

'뭔가 무시무시한 것이 저 몸속에 있어.'

직감적으로 깨달은 나는 극한의 공포에 휩싸여 뒤도 돌아보지 않고 전속력으로 그 자리에서 달아났다.

개미를 좀비로 만들어 죽을 장소와 시간까지 조종하는 무시무시한 기생생물의 정체

공포의 밑바닥을 경험한 주인공은 브라질 열대우림에 사는 목수개미입니다. 무리를 벗어나 비틀비틀 걸어가는 동료 개미는 이미 '무언가'에 몸도 마음도 잠식당한 상태입니다. 이 '무언가'는 버섯이나 곰팡이의 일종입니다. 전골에 넣어 먹기도 하고, 간단히 굽거나 볶아 먹기만 해도 맛있는 버섯의 친척이라고 할 수 있습니다.

버섯은 진균이라는 생물의 일종입니다. 진균에는 버섯, 곰팡이, 효모 등이 포함됩니다. 세균보다는 크며, 세포 안에 세포핵이라고 하는 세포소기관을 가지고 있습니다.

버섯은 나무나 흙 속에 균사를 뻗어 내립니다. 겉으로 드러나지 않는 이 균사 부분이 버섯의 본체인데, 우리가 눈으로 볼 일은 거의 없습니다. 그렇다면 평소 우리가 사 먹는 버섯은 무엇일까요? 이것은 버섯의 자실체(균류의 홀씨를 만들기 위한 영양체-옮긴이)에 해당합니다.

좀비 개미의 머리에서 뻗어 나온 것은 사실 이 자실체 부분입니다. 이렇게 우선 버섯의 자실체를 만들고, 이 자실체에서 다음 버섯의 씨가 되는 포자를 대량으로 퍼트리는 것입니다.

버섯과 곰팡이는 분류학상으로는 거의 차이가 없습니다. 유일한 차이점은 포자를 만드는 자실체가 버섯의 경우에는 육안으로 볼 수 있을 정도로 커지며, 곰팡이는 그 정도로 커지지 않는다는 점입니다. 버섯이라는 명칭은 균류 중에서도 비교적 자실체가 큰 것, 또는 그 자실체 자체를 부르는 속칭입니다.

앞서 소개한 이야기에서 개미의 머리로부터 뻗어 나온 자실체는 육안으로 확인이 가능하지만, 먹을 수 있을 정도로 크지는 않기 때문에 여기서는 '곰팡이'라고 부르겠습니다.

머리에서 곰팡이가 피어난 개미의 몸속에서는 대체 무슨 일이 일어난 것일까요?

개미 몸속에 침입하는 기생 곰팡이

목수개미에게 기생하는 것은 곰팡이, 즉 자낭균류의 일종입니다.

감염 경로를 살펴보면, 우선 곰팡이 포자가 공중에서 하늘하늘 떨어져 내려오는 데에서부터 시작합니다. 이 곰팡이 포자는 개미의 기문을 통해 몸속으로 들어갑니다. 기문은 곤충에게만 있는 숨구멍으로, 공기를 들이마시기 위한 기관입니다.

개미 몸속으로 들어온 곰팡이는 조직을 녹이며 전진해 최종적으로는 뇌 속 깊이 침입합니다. 곰팡이가 개미의 뇌에 다다르면 뇌를 지배해 행동을 조종할 수 있게 됩니다.

개미가 곰팡이에 감염되어 사망하기까지는 3~9일 정도가 걸립니다. 그동안 개미의 몸속에서는 점점 곰팡이가 퍼져나가지만, 겉으로 보기에는 무리 속에서 다른 개미들과 함께 먹이를 먹는 등 평소와 다름없는 생활을 합니다.

뇌를 잠식당한 좀비 개미가 향하는 장소

개미 몸속에 퍼진 곰팡이의 발아 시기가 다가오면 개미의 행동은 완전히 곰팡이에게 지배당합니다. 비틀비틀 좀비처럼 걸어 다니며 몸속에 있는 곰팡이의 생육에 가장 적합한 온도와 습도가 갖추어진 장소를 탐색합니다.

곰팡이가 좋아하는 축축하고 따뜻한 장소로 이동한 개미는 식물을 타고 올라가 턱으로 잎사귀를 꽉 깨뭅니다. 잎맥 부분을 단단히 물고 몸을 잎사귀에 고정시키는 것입니다. 이 행동을 마치면 개미는 죽습니다. 하지만 개미가 죽은 후에도 턱은 그대로 잎사귀를 물고 있습니다.

곰팡이에게 기생 당한 개미를 관찰한 논문에 따르면, 숙주 개미를 해부한 결과, 잎맥을 깨문 시점에 이미 개미의 머리는 곰팡이 세포로 가득 차 있었다고 합니다. 또 숙주 개미는 아래턱이나 턱 근육이 수축된 상태였는데, 이것 역시 곰팡이의 전략이라고 생각됩니다. 기생 곰팡이는 아래턱이나 턱 근육 속에 있는 칼슘을 빨아들여 턱을 수축시킴으로써 사후경직과 동일한 상태를 만들어 낸 것입니다. 이렇게 해서 개미가 죽어도 턱이 잎사귀에서 떨어지지 않도록 한 것이지요.

죽을 시간까지 조종당하는 개미

이 곰팡이는 숙주인 개미가 죽을 장소뿐만 아니라 죽을 시간까지 정밀하게 조종합니다.

곰팡이에게 기생 당한 개미는 대부분의 개체가 정오를 전후해 죽음을 맞이할 최후의 장소에 도착합니다. 개미가 턱으로 잎맥을 깨무는 것은 정오이지만, 실제로는 일몰 때까지 살아있다가 해가지면 죽습니다. 그리고 밤이 되면 기생 곰팡이가 개미의 머리를 뚫고 발아하는 것입니다.

곰팡이는 개미 몸속에 있을 때는 외부로부터 보호받지만, 발아해서 밖으로 나오면 무방비한 상태가 됩니다. 다른 곰팡이들과 마찬가지로 이 기생 곰팡이도 고온이나 태양광에 약하기 때문에 무더운 한낮에 발아하면 죽을 확률이 높습니다. 그래서 개미 머리를 뚫고 나와 발아하는 과정을 시원한 밤 동안 진행할 수 있도록 개미를 조종하는 것으로 보입니다.

곰팡이는 개미의 사체를 못자리로 삼아 개미 머리에서 자실체를 발아시키고, 이 자실체가 다음 곰팡이가 될 포자를 대량 방출합니다. 가루 상태인 곰팡이 포자는 마치 좀비 가루처럼 뿜어져 나와 땅 위에서 만난 개미에게 또다시 기생하게 됩니다.

이처럼 자기 의지로 움직이지도 못하는, 가루(포자)와 균사로 이루어진 곰팡이 같은 생물이 기생한 상대의 행동을 복잡하게 조종하는 놀라운 전략을 갖추고 있는 것입니다.

번외편 좀비 곤충은 건강에 좋다?

목수개미에게 기생하는 곰팡이처럼 곤충의 행동까지 조종하는 곰팡이는 매우 드뭅니다. 하지만 곤충의 머리에서 곰팡이의 자실체가 뻗어 나오는 예는 이 외에도 또 있습니다.

바로 '동충하초'입니다. 동충하초는 예로부터 자양강장, 체력 증강, 피로 해소, 질병 치료, 불로장생에 뛰어난 효과가 있는 명약으로 알려져 중국 황실 등에서 귀하게 사용되었습니다.

동충하초란 곤충과 균종의 결합체로, 매미나 거미 같은 곤충에 기생한 곰팡이를 부르는 총칭입니다. 이들 곤충도 곰팡이에 감염되어 죽은 후, 머리에서 막대기 모양의 곰팡이 자실체를 발아시킵니다.

고급 한방 재료 중에는 박쥐나방 유충에 기생하는 시넨시스 동충하초라는 것이 유명합니다.

동충하초가 만들어지기까지

동충하초는 겨울 동안은 곤충이던 것이 신기하게도 여름이 되면 풀(버섯=곰팡이)로 변한다는 뜻에서 붙여진 이름입니다.

동충하초가 만들어지는 과정을 살펴보도록 하겠습니다.

여름 동안 곤충은 알에서 깨어나 유충이 되어 땅속으로 파고 들어갑니다. 그리고 식물 뿌리에 담긴 영양분을 먹으며 성장합니다. 바로 이때 땅속에서 '동충하초' 곰팡이에게 감염되는 것입니다.

곰팡이는 살아있는 곤충의 몸속으로 들어가 영양분을 흡수하며 퍼져나갑니다. 곰팡이에게 영양분을 빼앗긴 곤충은 위험을 감지하고 필사적으로 땅 위로 기어 나가려고 합니다. 하지만 땅 위로 나오기 전에 곰팡이로 인해 죽고 맙니다.

죽은 곤충의 몸속에서는 곰팡이가 사체로부터 양분을 흡수하며 계속 성장해갑니다. 이때 숙주인 곤충은 겉으로는 곤충의 형태를 유지하고 있지만, 속은 곰팡이에게 점령당한 상태입니다. 겉보기에는 곤충이지만 속을 들여다보면 곰팡이, 그야말로 좀비 상태라고 할 수 있습니다. 이것을 가리켜 '동충'이라고 합니다.

이윽고 겨울이 지나고 여름이 오면 좀비가 된 곤충의 머리에서 발아한 작은 혹(균의 자실체)이 지표면으로 나오고, 조금 지나면 여기에서 자실체가 막대기처럼 뻗어 나옵니다. 이것을 '하초'라고 합니다. 이로써 '동충하초'가 완성된 것입니다.

이렇게 곤충을 감염시키는 곰팡이의 생태는 아직 많은 부분이 베일에 싸여 있습니다. 다만 곰팡이와 이들의 숙주가 되는 곤충의 종류와 조합은 거의 일정합니다.

좀비 애벌레
부ㅡ웅
찾았다!
80개의 알을 낳는다.
꾹!
앗
유충은 애벌레를 죽지 않을 정도로만 먹는다.
조용
우물우물
아직 죽을 수 없어…
애벌레 몸을 뚫고 나온 유충은 번데기가 된다.
맛있겠다.
BAM!
BAM!
애벌레는 번데기를 지키기 위해 몸을 크게 휘둘러 곤충들을 쫓아낸다.
고마워요, 애벌레 씨.
끝

몸도 마음도 나만의 것 - 어느 고치벌의 이야기

내가 어디에 있는지 보이니?

너희 인간들은 몸집이 크기 때문에 웬만큼 주의를 기울이지 않고서는 나를 찾기 힘들 거야. 난 알을 낳을 수 있는 성충이 되어도 몸길이가 고작 3~4밀리미터밖에 되지 않으니까.

여기, 여기 있다고!

뭐라고? 나를 한낱 날파리 따위와 비교하다니 무례하군. 비록 작긴 하지만 내겐 멋진 별명이 있다고.

뭐, 그것도 인간들이 멋대로 붙인 이름이긴 하지만, 상당히 독특하고 어딘지 모르게 그로테스크한 느낌이라 꽤 마음에 들어.

내 이름이 뭔지 알고 싶다고?

좋아, 기꺼이 가르쳐줄게. 내 이름은 부두말벌이야.

어때, 멋지지 않아?

물론 난 벌이니까 인간 세상에서 말하는 '부두교' 신자는 아니야. 부두교 같은 행동을 하는 벌이라는 의미지. 하는 짓이 똑 닮아서 무섭다나 뭐라나.

뭐라고? 부두교가 뭔지 모른다고?

나도 잘은 모르지만, 서아프리카 등지에서 믿는 민간신앙이래. 부두교에서는 죽은 사람을 좀비로 되살아나게 하는 주술이 행해진다더군.

인간들도 나름 굉장한 일을 해낸달까.

하지만 우리는 이런 일을 훨씬 오래전부터 해왔고, 방법도 훨씬 과격한 편이야.

빈사 상태에 놓인 생물을 되살아나게 해서 거칠고 사나운 좀비로 만드니까. 게다가 그 사나운 좀비를 마음대로 조종할 수도 있지.

직접 보고 싶다고? 당신도 꽤나 악취미를 가졌군.

뭐, 좋아. 마침 배가 불러와서 알을 낳으려던 참이었으니까.

저기 보이지? 저 잎사귀에 앉아있는 애벌레가 좋겠어. 나보다 몇십 배는 더 크지만 움직임이 느리니까 문제없어. 저 애벌레 몸속에 알을 낳는 데는 10분도 안 걸린다고.

걱정할 필요 없어. 알 80여 개를 낳는 건 일도 아니라고. 가뿐히 날아가서 저 애벌레 몸속에 알을 낳고 올 테니 여기서 잘 지켜보라고.

어때? 금방 끝났지? 날렵한 움직임으로 먹고사는 우리에게 이 정도는 아무것도 아니라고.

앞으로 일이 어떻게 흘러갈지는 대충 감이 오지? 애벌레 몸에 들어간 내 아이들이 애벌레를 먹으며 자랄 거야.

그렇다고 애벌레가 죽는 건 아니야. 저 아이들은 애벌레가 죽지 않을 정도로만 조절해가며 먹을 테니까.

쉿, 드디어 나오고 있어.

쑥쑥 자란 저 아이들을 좀 봐. 저 정도 크기면 번데기가 되기에 충분하겠어.

물론 저 아이들에게 살아있는 자기 몸을 먹이로 제공하며 정성껏 길러준 애벌레에게는 감사해하고 있어.

하지만 애벌레에게는 아직 할 일이 남아있으니, 벌써 죽으면 곤란해.

왜냐하면 저 아이들은 애벌레 몸 밖으로 나오면 무방비한 상태에 놓이는 거잖아. 게다가 번데기가 되면 그동안은 움직이지도 못하니 다른 곤충에게 잡아먹히기 딱 좋다고.

그러니 죽기 전에 애벌레에게 조금만 더 힘써달라고 할 수밖에.

저기 좀 봐. 번데기가 된 아이들을 노리는 벌레가 풀잎을 기어오르고 있잖아.

오호호, 바로 저거야. 굿 잡!

애벌레가 몸을 격하게 뒤흔들어 적을 물리치는 거 봤어? 성격이 온화하기로 유명하고, 움직임이 느리기로는 둘째가라면 서러운 바로 저 애벌레가 말이야.

게다가 속은 우리 아이들이 거의 다 먹어치운 상태라고.

몸속에 들어간 우리 아이들 때문에 결국 저렇게 성격까지 변한 거지.

우리 아이들이 성충이 되어 날아오를 때까지 애벌레가 지켜줄 테니 나도 안심이 되네.

이제 우리가 부두말벌이라고 불리는 이유를 알겠지?

그럼 다음에 또 봐.

빈사 상태에 놓인 생물을 되살아나게 하는 고치벌과 몸과 마음을 조종당한 애벌레의 최후

이번에 등장하는 것은 부두말벌이라고도 불리는 고치벌의 일종입니다.

고치벌은 벌목 고치벌과에 속하는 몸길이 3~4밀리미터 정도의 작은 기생벌입니다. 전 세계에 5,000종 이상이 존재하며, 일본에는 300종 이상이 살고 있습니다. 이들 고치벌과에 속하는 모든 벌이 다른 곤충에게 기생하는 기생벌입니다. 하지만 부두말벌처럼 숙주를 좀비로 만들어 조종까지 할 수 있는 기생벌은 흔치 않습니다.

시체를 좀비로 되살리는 주술을 행하는 부두교

부두교는 서아프리카의 베냉, 카리브해에 위치한 섬나라 아이티, 미국의 남부 도시 뉴올리언스 등지에서 믿는 민간신앙입니다. 부두교에서는 시체를 좀비로 되살아나게 하는 주술이 행해진다고 합니다.

좀비를 만드는 방법을 살펴보면, 우선 부두교의 사제가 죄인에게 '부자연스러운 죽음'을 부여합니다. 즉, 좀비로 만들고 싶은 사람을 우선 '죽이는' 것부터 시작합니다.

사제는 좀비로 만들 상대에게 주술용 가루를 주입합니다. 그리고 가사 상태에 빠진 상대를 일단 땅에 묻고, 나중에 다시 파내어 되살아나기를 기다립니다.

부두교 관련 연구에 따르면 좀비처럼 가사 상태에 빠진 사람의 체내에서는 '테트로도톡신'이 발견되었다고 합니다. 테트로도톡신은 복어 내장에 들어있는 독 성분입니다. 신경을 마비시키는 이 독을 가루로 만들어서 일정량을 사람에게 주입하면 의사도 속을 정도로 완벽한 가사 상태를 만들 수 있다고 합니다.

그 후, 가사 상태에서 깨어난 사람에게 환각작용을 일으키는 독말풀을 투여합니다. 신경독으로 인한 가사 상태에서 깨어난 사람은 세뇌당하기 쉬운 상태이기 때문에 이후 어떠한 명령에도 따르게 되어 주위에서 보기에는 완전히 조종당하는 것처럼 보입니다.

여기서는 간단히 설명했습니다만, 좀 더 자세히 알고 싶다면 하버드대학교 출신의 민속식물학자이자 문화인류학자인 웨이드 데이비스가 쓴 책 『나는 좀비를 만났다』를 읽어보시기 바랍니다. 이 책에서 저자는 직접 아이티를 방문해 부두교와 좀비의 비밀을 추적하고 밝혀내는 과정을 담고 있습니다.

애벌레 몸속에 알을 낳는 부두말벌

다시 부두말벌 이야기로 돌아와 보겠습니다. 부두말벌은 자나방이라는 나방 유충(애벌레)의 몸속에 직접 알을 낳습니다. 애벌레 한 마리에게 낳는 알은 약 80개입니다.

애벌레 몸속에 알을 낳는 행동은 많은 기생벌에게서 찾아볼 수 있습니다. 보통은 애벌레 몸속에서 부화한 유충들이 살아있는 애벌레의 신선한 내장을 파먹으며 자라나 번데기가 될 때쯤이면 애벌레는 죽습니다. 하지만 부두말벌의 유충은 애벌레를 먹더라도 아슬아슬하게 죽지 않을 정도로만 조절하며 먹습니다. 왜냐하면 애벌레를 먹이뿐만 아니라 다른 용도로도 이용하기 위해서입니다.

부두말벌 유충은 번데기가 되기 위해 애벌레 몸을 뚫고 밖으로 나옵니다. 몸속을 거의 다 파먹힌데다가 몸이 뚫렸는데도 애벌레는 아직 살아있습니다.

그리고 부두말벌 유충들은 애벌레 몸에서 기어 나와 근처에서 바로 번데기가 되는데, 이대로는 외부의 적에게 무방비한 상태가 됩니다.

좀비가 되어서도 번데기를 보호하는 애벌레

애벌레 몸속에서 대량의 알이 부화해 속을 파먹고 급기야 몸을 뚫고 나올 정도이니 다들 애벌레가 곧 죽을 것이라고 생각합니다. 하지만 기생 당한 애벌레는 어찌 된 일인지 죽지 않습니다. 마치 좀비처럼 말입니다.

하지만 이 애벌레는 영화에 나오는 좀비처럼 무작정 괴성을 지르며 비틀비틀 주위를 배회하는 것은 아닙니다. 놀랍게도 자기 몸속을 파먹은 부두말벌의 번데기를 필사적으로 보호하려는 움직임을 보입니다. 번데기는 자기 의사로 움직이지 못하는 무방비한 상태이기 때문에 다른 곤충들에게 잡아먹히기 쉽습니다. 그런데 몸속이 텅 빈 좀비 애벌레가 자기 몸을 있는 힘껏 흔들어 부두말벌의 번데기를 노리고 다가오는 곤충들을 쫓아내는 것입니다.

물론 이것은 부두말벌에게 기생 당한 애벌레에게서만 나타나는 행동입니다. 보통 애벌레는 매우 얌전해서 다른 곤충들이 가까이 오더라도 쫓아내기는커녕 움직임이 거의 없습니다. 오직 번데기 옆에 놓인 숙주 애벌레만이 이렇게 공격적인 움직임을 보입니다.

애벌레는 부두말벌에게 자기 몸을 내줄 뿐만 아니라 성충이 될 때까지 전력을 다해 번데기를 지켜냅니다. 이윽고 성충이 된 부두말벌이 떠나가면 제 역할을 다한 애벌레는 죽음을 맞이합니다.

애벌레를 조종하는 방법에 대한 힌트

부두말벌이 어떻게 애벌레의 행동을 제어하는지에 대해서는 아직 자세히 밝혀진 바가 없습니다. 하지만 연구를 통해 그 실마리를 찾을 수 있었습니다.

부두말벌의 번데기를 보호하는 좀비 애벌레를 해부해보니 몸속에 아직 부두말벌 유충이 몇 마리 남아있었던 것입니다. 아마도 이 유충들이 애벌레의 행동을 제어했을 가능성이 있어 보입니다.

숙주의 몸 안팎과 알에도 기생하는 벌들

숙주에게 기생하는 벌은 많습니다. 종에 따라 식물에 기생하기도 하고 동물에 기생하기도 합니다. 또 동물 숙주의 몸 밖에 기생하는 벌은 '외부기생자', 몸속에 기생하는 벌은 '내부기생자', 알 속에 기생하는 벌은 '알기생자'로 분류됩니다.

이 가운데 '외부기생'이 가장 간단한 기생 방법입니다. 우선 벌이 숙주가 될 유충이나 번데기의 몸 바깥쪽에 알을 낳습니다. 부화한 기생벌 유충은 숙주의 몸속으로 소화액을 주입해서 숙주의 체내

조직을 조금씩 흐물흐물하게 만들어 빨아들입니다. 모기나 진드기가 우리 인간의 피나 체액을 빨아먹는 것과 비슷한 방식입니다.

마찬가지로 '내부기생'은 벌이 숙주가 될 유충이나 번데기의 몸속에 알을 낳습니다. 그리고 부화한 기생벌 유충은 숙주의 몸속에서 생활합니다. 내부기생의 경우, 유충이 성장해서 숙주의 몸 밖으로 나오는 것과 숙주의 몸속에서 그대로 번데기가 되는 것이 있습니다.

내부기생은 사실 가장 어려운 기생 방법입니다. 왜냐하면 숙주의 몸은 기생벌의 알 같은 이물질이 몸속으로 들어오면 이것을 없애기 위한 면역 시스템을 갖추고 있기 때문입니다. 곤충의 체액에는 인간으로 치면 백혈구에 해당하는 혈구가 들어있습니다. 이 혈구들은 침입자를 포위한 후 막을 형성해 제거합니다. 그렇다면 어떻게 내부기생이 가능한 기생벌이 존재하는 것일까요? 이러한 기생벌은 진화 과정에서 숙주 곤충의 혈구를 억누르는 데 성공한 케이스입니다. 그렇기 때문에 내부기생자는 각자 특정 숙주에게만 기생할 수 있으며, 다른 곤충에게 기생하는 것은 불가능합니다.

마지막으로 '알기생'의 경우, 곤충의 알은 유충이나 번데기에 비해 혈구가 미분화된 상태이기 때문에 비교적 간단하게 내부기생이 가능합니다.

주머니벌레와 암컷화하는 게
안녕!
친구야~!
①
우린 사이좋은 친구~♪
부화한 암컷 주머니벌레 (키프리스 유생)
②
게의 몸속으로 침입
진짜로.
계속 사이좋게 지내고 싶어.
③
가느다란 나뭇가지 모양의 기관을 게의 전신으로 뻗어간다(그림 1).
그림 1
으악!
대체 뭔 일이야!
④
암컷 게처럼 복부가 넓어지고 주머니벌레의 난소가 겉으로 노출된다.
엄마가 너희를 평생 지켜줄게♥
넌 더 이상 내 친구가 아니야!
주머니벌레의 난소

친구의 변화 - 어느 게의 이야기

'언제부터였을까. 단짝 친구에게 위화감을 느끼게 된 것은.'

우리는 어려서부터 함께 바다에서 헤엄치고 해변에서 어울려 놀았다. 탈피를 할 때마다 조금씩 성장하는 몸과 집게발을 보며 누가 더 큰지 비교하기도 하고, 집게를 사용하게 되면서부터는 누구 집게발이 더 센지 겨뤄보기도 했다.

다음번 탈피 때야말로 내가 더 커질 테야! 하고 아무리 투지를 불태워도 녀석은 늘 나보다 더 컸고, 그때마다 나는 패배의 쓴맛을 봐야 했다.

매번 지기만 하니 분하고 약이 오르긴 했다. 하지만 호적수가 있다는 건 즐거운 일이었고, 우리는 형제나 다름없는 사이였다.

치고받고 싸우다가도 예쁜 암컷이 지나가면 둘 다 반사적으로 동작을 멈추고 시선을 빼앗겼다.

"괜찮은데?"

"난 한 시간 전에 지나간 쪽이 더 좋더라."

"취향도 참 독특하다니까."

"사돈 남 말 하시네."

이렇게 주거니 받거니 하며 웃기도 참 많이 웃었다.

이때는 이런 평화로운 나날이 계속될 거라고 믿어 의심치 않았다.

그러던 어느 날, 몇 주 전 일이다.

탈피를 했음에도 녀석의 집게발과 몸은 그대로였다.

"이번엔 내가 졌다."

아쉬워하는 녀석의 얼굴을 보는 건 그때가 처음이었다. 하지만 나는 조금도 기쁘지 않았다. 오히려 뭔지 모를 위화감이랄까, 이상하고 불안한 마음만 들었다.

불안은 시간이 지날수록 점점 더 커졌다. 그 후로 녀석은 탈피 때마다 수컷의 상징인 집게발이 커지기는커녕 암컷처럼 작아졌다. 그뿐만 아니라 배도 암컷처럼 커지고 옆으로 퍼지는 것 같았다.

그전에는 매일같이 집게발로 힘겨루기를 했는데, 이제는 내가 아무리 졸라도 상대를 해주지 않는다.

"언제 시간 봐서 다음에 하자."

"지금은 그럴 기분이 아니야."

기분 탓인지 분위기도 좀 여성스러워진 듯했다.

대체 무슨 일이 일어나고 있는 걸까? 가장 친했던 단짝 친구가 점점 생판 모르는 남이 되어가는 느낌이다. 그렇게 우리 사이는 조금씩 멀어졌다.

그런데 조금 전 오랜만에 바닷속에서 녀석을 만났다. 못 보는 동안 부쩍 더 암컷에 가까워진 것 같아 보였다. 더 놀라운 사실은 배에 알을 안고 있었다는 점이다.

자세히 보니 진짜 알은 아니었다. 알처럼 배에 붙어있긴 하지만 우리 종족의 알과는 어딘가 좀 달랐다.

그런데도 녀석은 자기 배에 붙어있는 '무언가'를 자못 사랑스럽다는 듯 지키고 있는 것이었다. 예전과는 완전히 달라진 녀석은 나를 보고도 아무런 반응을 보이지 않았다.

녀석은 더 이상 내가 알던 그 친구가 아니다. 나는 그렇게 스스로를 타이르며 조용히 걸음을 돌렸다.

주머니벌레에게 온몸을 사로잡혀 노예가 된 게의 얄궂은 생애

이야기에서 화자의 친구로 등장하는 수컷 게를 암컷처럼 만들고 이상한 알을 품게 한 기생생물은 바로 주머니벌레입니다. 주머니벌레는 바다에 살면서 게, 새우, 갯가재, 소라게 같은 절지동물에게 기생합니다. 우리가 볼 수 있는 주머니벌레는 바닷가에 서식하는 무늬발게, 바위게, 납작게 등에 기생하는 구름무늬주머니벌레라는 종입니다.

주머니벌레는 곤충이나 게와 같은 절지동물문에 속하는 생물입니다. 절지동물은 몸과 다리가 마디로 이루어져 있는 것이 특징인데, 주머니벌레는 이러한 체절이나 다리가 퇴화했기 때문에 성체가 되어도 겉으로는 절지동물이라고 알아보기 힘듭니다.

구름무늬주머니벌레는 그림에서처럼 게의 복부에 달라붙어 있습니다. 언뜻 보기에 게의 알 같아 보이는 이것은 사실 주머니벌레의 몸의 일부로, 난소와 알이 가득 차 있는 생식기입니다.

그렇다면 주머니벌레의 본체 부분은 어디에 있을까요? 본체는 게의 몸속에 있습니다. 주머니벌레의 세포 조직이 마치 식물 뿌리처럼 게의 몸속에 뻗어있는 것입니다. 주머니벌레는 이 뿌리처럼 생긴 부분으로 게의 몸속에서 영양분을 빼앗으며 게에게 자기 알을 맡긴 채 살아갑니다.

주머니벌레와 게의 만남

불쌍한 게는 언제부터 주머니벌레에게 몸과 마음을 빼앗기게 된 것일까요? 우선 주머니벌레와 게가 만나는 장면부터 살펴보도록 하겠습니다.

암컷 주머니벌레는 알에서 부화한 후, 플랑크톤처럼 바닷속을 떠다니다가 게의 몸속으로 침입합니다. 게의 몸은 딱딱한 껍데기로 덮여있는데, 주머니벌레는 어떻게 그 안으로 들어갈 수 있는 것일까요? 주머니벌레는 우선 게의 몸에 난 털의 뿌리 쪽에 달라붙습니다. 그리고서 바늘처럼 생긴 기관을 뻗어 게의 모근 틈새로

눈 깜짝할 사이에 스르륵 들어가 버립니다.

게의 몸속으로 들어간 주머니벌레는 식물이 대지에서 뿌리를 내리듯 가느다란 가지 모양의 기관을 게의 전신으로 뻗어갑니다. 그리고 이 부분을 통해 몸속 영양분을 흡수합니다. 주머니벌레는 충분히 성장해서 생식 능력을 갖추게 되면 게의 표피를 뚫고 자신의 생식기를 게의 몸 바깥으로 노출시킵니다.

게의 배 밖으로 나온 주머니벌레는 무방비한 상태에 놓입니다. 따라서 복부를 뚫고 튀어나온 기생생물 정도는 게의 집게발로 얼마든지 제거해버릴 수 있을 것 같지만, 그게 그렇게 쉽지만은 않습니다. 왜냐하면 주머니벌레가 숙주인 게의 신경계를 조종해 게로 하여금 마치 자기 알을 품고 있는 것처럼 착각하게 만들기 때문입니다.

실제로 주머니벌레에게 기생 당한 무늬발게의 신경계를 조사해보니, 복부 신경절이 주머니벌레의 조직에 잠식당한 상태라는 사실이 밝혀졌습니다. 개중에는 원래 있어야 할 게의 신경분비세포가 일부 또는 전부 사라진 경우도 있었습니다.

수컷 게에게도 알을 품게 만드는 주머니벌레

주머니벌레는 게의 암수를 구분하지 않고 무차별적으로 기생합니다. 수컷 게는 알을 낳지 않기 때문에 원래는 알을 보호하는 습성이 없습니다. 그런데 주머니벌레가 기생하는 수컷 게는 신기하게도 점점 암컷화되어갑니다. 주머니벌레에게 기생 당한 후, 탈피를 반복하는 과정에서 점점 암컷처럼 집게발이 작아지고 복부가 넓게 퍼지는 것입니다.

그리하여 수컷 게는 마치 어미가 된 것처럼 주머니벌레의 알을 소중히 품습니다. 그리고 암컷 게가 자기 알을 부화시켜 바다에 풀어놓듯이 수컷 게도 자기가 돌보던 주머니벌레의 알이 부화하면 바닷속에 풀어놓는 듯한 행동을 보입니다. 이렇게 주머니벌레에게 기생 당한 게는 자신의 생식 기능을 상실합니다.

다시 말해 주머니벌레에게 기생 당해 자손을 남기지 못하게 된 게는 그저 주머니벌레에게 영양을 공급하고, 주머니벌레의 알을 보호하고, 부화한 주머니벌레 유생을 퍼뜨리기 위해서만 살아가는 노예 같은 일생을 보내게 됩니다.

이렇게 영양분을 빼앗기고 노예 같은 생활을 강요당하는 게의 수명은 짧아질까요? 그렇지 않습니다. 생식 능력이 사라지기 때문에 번식에 사용할 에너지가 그대로 보존되어 반대로 더 장수하는 경향을 보입니다. 그래서 결국 더 긴 시간 동안 주머니벌레 유생을 키워야 한다는 아이러니한 결과를 낳게 됩니다.

존재감 없는 수컷 주머니벌레

주머니벌레를 처음 발견했을 때 사람들은 자웅동체라고 생각했습니다. 왜냐하면 주머니벌레를 해부해보니 커다란 난소 아래 작은 정자가 들어찬 조직 같은 것이 있었기 때문입니다. 이후 진행된 연구에 의해 정소라고 생각했던 이 조직이 사실은 수컷 주머니벌레라는 사실을 알게 되었습니다.

게의 배 바깥쪽에 붙어있는 주머니는 암컷 주머니벌레의 난소입니다. 그리고 수컷 주머니벌레는 이 주머니의 한 귀퉁이에 자리 잡고 있습니다. 이 주머니는 숙주인 게가 탈피를 하거나 주머니벌레가 부화하면 사라집니다. 즉, 게가 탈피할 때마다 주머니 안에 있는 수컷 주머니벌레는 바닷속에 휙 하고 버려지는 것입니다. 물론 암컷 주머니벌레는 게의 몸속에 들어가 있기 때문에 게가 탈피할 때마다 버림받는 일은 절대로 일어나지 않습니다.

암컷 주머니벌레는 자기가 달라붙어 있는 게의 탈피가 끝나면 다시금 게의 몸 바깥쪽에 주머니 모양의 생식기를 노출시킵니다. 새로 생긴 주머니 안에는 수컷이 들어있지 않기 때문에 암컷 주머니벌레는 새로운 수컷을 주머니 안으로 불러들여야 합니다.

이때도 주머니벌레에게 몸과 마음을 점령당한 숙주 게가 수컷 주머니벌레를 불러들이기 위해 필사적으로 노력합니다. 주머니벌레에게 조종당하고 있는 게는 연신 배를 움직이며 주머니(암컷 주머니벌레의 난소) 안으로 수컷 주머니벌레를 끌어들이려고 합니다.

이처럼 주머니벌레에게 기생 당한 게는 아무리 탈피를 거듭하며 껍데기를 갈아치워도 주머니벌레로부터 도망칠 수 없습니다. 불쌍한 게는 호르몬과 뇌를 조종당한 결과, 수컷마저 암컷처럼 변해 주머니벌레의 알을 보호하는 데 평생을 바치게 됩니다.

여담이지만, 넘치는 호기심을 억누르지 못하고 이렇게 징그러운 기생생물을 먹어보려 한 사람들이 있었습니다. 암컷 동남참게에 붙어있는 주머니벌레를 삶아서 먹은 사람도 있고, 쏙(갯가재와 비슷하게 생긴 갑각류의 일종-옮긴이)에 붙어있는 주머니벌레를 프라이팬에 볶아서 먹은 사람도 있었는데, 양쪽 다 "맛이 없지는 않지만 그렇다고 맛있지도 않다"고 했다고 합니다.

게의 또 다른 기생자, 게거머리

게에 달라붙어 있는 기생자는 주머니벌레뿐만이 아닙니다. 그중에서도 우리가 쉽게 볼 수 있는 것으로는 게거머리가 있습니다. 게를 구입하면 등딱지에 직경 5밀리미터 정도의 검은 알갱이가 붙어있는 경우가 있는데, 이것이 바로 게거머리입니다.

게거머리는 이름 그대로 게에 붙어있는, 거머리 같은 모습을 한 기생충입니다. 게의 몸속에 기생하는 것이 아니라 알이 게의 등딱지에 붙어있을 뿐이기 때문에 형태적으로는 외부기생에 해당합니다. 게거머리는 평소에는 부드러운 진흙 속에서 생활하다가 단단한 바위 같은 곳에 알을 낳습니다.

바위가 아니더라도 단단하기만 하면 어디든 알을 낳는 습성 때문에 대게 같은 갑각류의 등딱지나 조개류의 껍질에 알을 낳기도 합니다. 또 게거머리가 게 등딱지에 알을 낳으면 알이 등딱지를 타고 다양한 장소로 이동할 수 있기 때문에 생활 범위를 넓히는 효과도 있습니다. 게거머리는 대게의 등딱지에 알을 낳을 뿐이지 몸 속으로 들어가 기생하는 것은 아니기 때문에 대게에게는 무해한 생물이라고 할 수 있습니다.

아카시아 개미

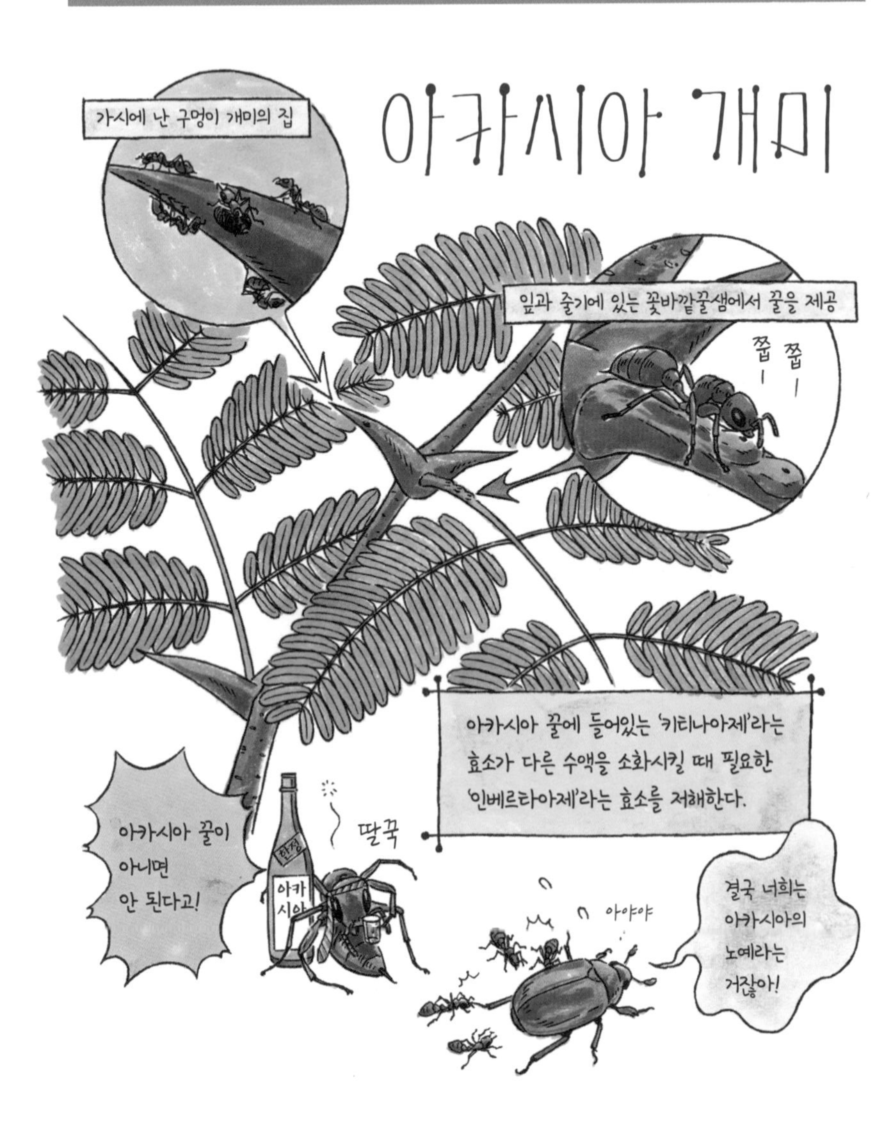

가시에 난 구멍이 개미의 집
잎과 줄기에 있는 꽃바깥꿀샘에서 꿀을 제공
쭙 쭙
아카시아 꿀에 들어있는 '키티나아제'라는 효소가 다른 수액을 소화시킬 때 필요한 '인베르타아제'라는 효소를 저해한다.
아카시아 꿀이 아니면 안 된다고!
딸꾹
아카 시아
아야야
결국 너희는 아카시아의 노예라는 거잖아!

언제까지나 너와 함께 - 어느 개미의 이야기

나는 이 아카시아 나무에서 태어났다. 그리고 지금까지 이 나무와 함께 자라왔다.

아카시아는 우리 개미들에게 고향인 동시에 대지이자 보금자리이며, 늘 풍부한 꿀을 제공해주는 엄마 같은 존재다.

아카시아는 우리가 살 수 있도록 곳곳에 안전하고 따뜻한 구멍을 마련해주고, 잎과 줄기에서 달콤하고 영양이 풍부한 꿀을 아낌없이 내어준다.

대신 우리는 아카시아를 노리는 놈들을 물리쳐준다.

우리는 이런 방식으로 아주 옛날부터 아카시아와 늘 함께 해왔기 때문에 '아카시아 개미'라고 불리게 되었다.

우리의 아카시아는 굉장하다.

마치 가시철사처럼 나뭇가지마다 3센티미터나 되는 날카로운 가시가 사방으로 나 있다.

추측건대 가시철사를 발명한 사람은 아카시아에서 아이디어를 얻은 게 아닐까 싶다. 그 정도로 우리의 아카시아는 적의 침입을 막아내기 위한 완벽한 구조를 갖추고 있다.

그래서 동물들은 아카시아 잎을 먹고 싶어도 가시에 찔릴까 두려워 가까이 다가오지 못한다.

하지만 곤충들은 크기가 작기 때문에 커다란 가시에 찔릴 위험이 없다. 그래서 아무렇지도 않게 아카시아를 타고 올라와서 맛있는 잎이나 꿀을 먹어치우려고 한다.

우리는 이런 초대 받지 않은 손님을 내쫓고 아카시아를 지키기 위해 항상 순찰을 돌고 있다. 그러다 침입자를 발견하면 즉시 공격해서 물리친다.

물론 침입자 중에는 나 혼자 감당할 수 없을 만큼 크고 강한 녀석도 있다. 그럴 때는 동료들과 힘을 합쳐 독을 뿜거나 엉덩이에 있는 독침으로 찔러 격퇴한다.

침입자는 곤충뿐만이 아니다. 어떤 의미에서는 식물도 침입자라고 할 수 있다. 왜냐하면 아카시아를 칭칭 감아대는 식물은 혼자 햇빛을 독차지해 아카시아를 시들게 만들기 때문이다. 그래서 아카시아 나무에 식물 넝쿨이 타고 오르면 재빨리 끊어내 햇빛을 가리지 못하도록 한다.

나는 이런 생활에 줄곧 만족해왔지만, 어느 날 문득 아카시아 말고 다른 꿀을 먹어보고 싶다는 생각이 들었다. 그래서 아카시아 나무를 내려와 가까이 있는 다른 나무를 찾아갔다.

그 나무의 수액에서는 아주 달콤한 향기가 났고, 겉보기에도 윤기가 흘러넘치는 게 정말 맛있어 보였다.

나는 수액을 정신없이 핥아먹었다. 눈이 번쩍 뜨일 정도로 환상적인 맛이었다.

하지만 조금 지나자 갑자기 배가 엄청 아파왔고, 결국 방금 먹은 수액을 전부 토해낼 수밖에 없었다.

그 후로 나는 두 번 다시 한눈팔 생각은 하지 않게 되었다. 그런 끔찍한 고통은 다시 겪고 싶지 않기 때문이다. 앞으로는 평생 아카시아 꿀만 먹으면서 이 나무를 지키며 살아갈 생각이다.

아카시아 꿀에 중독된 개미의 운명

아카시아 나무가 개미에게 제공하는 서비스

아카시아 나무와 개미의 공생은 서로에게 이익이 되는 '상리공생'의 예로 알려져 왔습니다.

쇠뿔아카시아(이하 아카시아)는 콩과에 속하는 나무입니다. 큰 동물에게 먹히지 않도록 3센티미터나 되는 딱딱하고 날카로운 가시를 가지고 있습니다. 이 가시 덕분에 포유류를 비롯한 동물들은 아카시아를 먹으려 들지 않습니다. 하지만 곤충처럼 작은 생물에게는 이 가시가 아무런 의미가 없습니다. 그래서 아카시아 나무는 아카시아 개미(이하 개미)와 동맹을 맺고 개미를 경호원으로 삼습니다.

우선 아카시아는 개미에게 쾌적한 거주 공간을 제공합니다. 개미가 살기 좋은 크기의 구멍을 가시 뿌리 부분에 마련하는 것입니다. 이 구멍에 여왕개미가 들어와 살면서 일개미들을 낳아 하나의 개미 집단이 탄생합니다. 또 아카시아는 개미에게 먹이도 제공합니다. 잎이나 줄기에 있는 꽃바깥꿀샘이라고 하는 기관에서 달고 미네랄이 풍부한 꿀을 내어주는 것입니다.

개미가 아카시아 나무에게 제공하는 서비스

주거와 식사를 아낌없이 제공받은 일개미들은 아카시아 나무를 지키기 위한 행동에 나섭니다.

아카시아에 가까이 다가오는 벌레가 없는지 감시하기 위해 끊임없이 순찰을 돌며, 발견 즉시 공격해서 내쫓습니다. 자기보다 큰 적에게는 집단으로 달려들어 입에서 독을 뿜거나 엉덩이에 있는 독침을 쏘아 무찌릅니다.

개미는 다른 곤충뿐만 아니라 식물로부터도 아카시아 나무를 보호합니다. 아카시아에 다른 식물의 넝쿨이 감겨들면 재빨리 끊어내며, 주변의 식물들이 크게 자라 아카시아를 가리는 일이 없도록 합니다.

이처럼 개미는 쉬지 않고 부지런히 아카시아를 지키기 위해 움직입니다. 그렇기 때문에 아카시아 나무에서 개미를 쫓아내면 나무가 더 이상 성장하지 못하고 1년 안에 대부분 말라 죽어버립니다.

꿀로 개미를 중독시켜 자신을 떠나지 못하게 하는 아카시아

아카시아는 개미에게 살 곳과 먹을 것을 주며, 개미는 아카시아를 보호하고 지켜줍니다. 얼핏 보면 서로 이익을 주고받는 것처럼 보이기 때문에 최근까지는 이들의 관계를 상리공생이라고 생각해왔습니다.

하지만 2005년, 멕시코의 한 연구팀이 실제로는 아카시아가 개미를 의존증으로 만들어 자기에게서 벗어나지 못하도록 조종하고 있다는 사실을 밝혀냈습니다.

일반적으로 개미가 먹는 수액에는 자당 같은 당분이 많이 포함되어 있습니다. 이 당을 분해·소화하기 위해서는 '인베르타아제'라고 하는 효소가 필요합니다. 개미들은 대부분 이 인베르타아제를 가지고 있습니다.

그런데 아카시아 나무에 사는 개미는 인베르타아제가 불활성화되어 자당을 소화시킬 수 없습니다. 하지만 아카시아가 제공하는 꿀은 소화시킬 수 있는데, 왜냐하면 아카시아 꿀에는 효소인 인베르타아제도 함께 들어있기 때문입니다. 따라서 개미는 아카시아 나무가 제공하는 꿀 외에는 섭취가 불가능해져 아카시아에 의존하는 삶을 살게 됩니다.

게다가 아카시아에 사는 개미의 성충은 인베르타아제를 가지고 있지 않지만, 유충이었을 때는 가지고 있었다는 사실도 알게 되었습니다. 바로 여기에 아카시아 나무의 이기적인 전략이 숨어있는 것입니다.

개미가 유충일 때는 아카시아 외의 꿀을 소화시킬 수 있는 효소인 인베르타아제가 정상적으로 기능합니다. 하지만 성충으로 자라면 불활성화됩니다. 개미는 대체 언제 이 중요한 효소를 잃게 되는 것일까요?

바로 아카시아 꿀을 처음 입에 댔을 때입니다. 앞서 말한 멕시코 연구팀이 자세히 조사한 결과, 아카시아 꿀에는 '키티나아제'라는 효소가 포함되어 있으며, 이것이 개미가 가진 인베르타아제를 저해한다는 사실이 밝혀졌습니다.

개미는 번데기에서 부화하면 가장 먼저 아카시아 꿀을 먹습니다. 이 한 입의 꿀로 인해 아카시아로부터 영영 벗어나지 못하게 되는 것입니다. 아카시아 꿀은 마치 독처럼 개미 몸속을 돌아다니며 개미가 본래 가지고 있던 자당 소화 효소를 저해합니다.

이렇게 해서 개미가 유충일 때 가지고 있던 당 분해 효소인 인베르타아제는 불활성화되며, 이 상태는 평생 원래대로 돌아오지 않습니다. 결과적으로 아카시아 꿀밖에 소화시키지 못하는 몸이 되는 것입니다.

효소가 다른 효소를 저해하는 사례는 이 외에 아직 밝혀진 것이 없지만, 무엇인가 미지의 메커니즘으로 인해 이런 반응이 일어나는 것으로 보고 현재 관련 연구가 진행 중입니다.

아카시아처럼 개미와 공생하는 식물을 '개미식물'이라고 하며, 이러한 개미식물은 전 세계에 약 500종이 존재합니다. 이들 대부분이 개미도 식물도 이익을 얻는 상리공생으로 알려져 있습니다. 하지만 이번에 살펴본 아카시아의 예처럼, 깊이 연구해보면 이들 사이에도 특수한 의존관계가 숨어있을지도 모르겠습니다.

사무라이개미
풀썩
여왕 사무라이개미
침입자다!
여왕 사무라이개미는 홀로 곰개미 집에 쳐들어간다.
내가 졌다…
문질 문질
여왕 곰개미와 싸워 이긴 여왕 사무라이개미는 상대의 체액과 왁스를 몸에 발라 여왕 곰개미인 척 위장한다.
여왕님이라고 부르지 못할까!
여왕님!
속아 넘어간 곰개미들은 여왕 사무라이개미가 낳은 알을 기르고 먹이를 씹어 먹여준다.
아~ 해보렴.
우물
우물
옳지, 옳지.
아부~
곰개미의 수가 줄어들면 다른 곰개미 집을 공격해서 곰개미 유충이나 번데기를 유괴해온다(노예사냥).
와~
엇차~
영차영차
영차영차
성장한 곰개미들은 죽을 때까지 사무라이개미의 시중을 든다.
배고파

남의 나라 집어삼키기 – 어느 사무라이개미의 이야기

난 유서 깊은 개미 집안의 공주야.

사람들은 우리 종족을 사무라이개미라고 부르지. 왜 이런 이름으로 불리는지는 내 이야기를 들으면 알게 될 거야.

난 태어나서 지금까지 손가락 하나 까딱하지 않고 살아왔어. 식사를 준비하거나 시중을 드는 건 모두 하인들이 했으니까.

음식을 씹을 필요도 없었어. 턱이 피곤해지는 그런 일은 하인들 몫이었고, 난 그들이 열심히 씹어서 잘게 부순 음식을 받아 삼키기만 하면 되었지.

한 마디로 매일 놀고먹기만 하면 되는 삶이었어.

이런 우리 개미 왕족을 부러워하는 사람도 있을지 모르겠지만, 왕족으로서 목숨을 걸고 해내야만 하는 일도 있어. 바로 '전투'야. 다른 개미와의 싸움에서 '사무라이(무사)'라는 이름에 부끄럽지 않은 모습을 보여줘야 해.

언제 싸우느냐고? 나 같은 경우에는 지금이야. 배 속에 아이들이 생겼으니 이제는 공주에서 여왕이 되어야 할 때거든.

여왕이 되려면 우선 내 왕국이 있어야겠지? 그래서 지금부터 내가 다스릴 나라를 찾아보려던 참이야.

저기 마침 괜찮아 보이는 땅이 있네. 곰개미 여왕이 다스리는 나라 말이야. 일개미도 많이 있으니 처음 여왕이 될 곳으로는 안성맞춤이지.

스스로 나라를 세우는 건 어떻겠느냐고? 말도 안 되는 소리. 이 몸이 그런 귀찮은 일을 할 리가 없잖아. 하나부터 열까지 내 손으로 만들다가는 나라가 생기기도 전에 꼬부랑 할머니가 되어버릴 거야.

예로부터 우리 사무라이개미 집안의 공주들은 싸움에서 이겨 다른 나라를 차지해왔어. 그렇게 하는 편이 훨씬 효율적이니까.

다만, 그 싸움에는 병사들을 데려갈 수 없어. 혈혈단신으로 싸워야 하는 거지.

사실 혼자 쳐들어가는 게 위험하기는 하지만, 내게는 이 커다란 낫 모양의 튼튼한 턱이 있으니 괜찮아.

각오는 되었어.

다른 나라를 차지하려면 역시 그 나라의 우두머리인 여왕을 죽이는 게 제일 빠른 방법이야. 여왕은 가장 안전한 안쪽 방에 있을 거야.

자, 그럼 곰개미 여왕이 다스리는 나라로 가볼까?

역시 예상한 대로군. 이 나라 개미들은 충성심이 엄청 강하네. 내가 자기네 여왕이 있는 방으로 가는 걸 목숨 걸고 막아보겠다고 저러지만, 그래 봤자 몸집도 더 크고 강한 턱을 가진 나를 당해낼 수는 없다고.

아무리 그래도 이건 좀 너무한데? 쳐내고 쳐내도 끝이 보이질 않잖아. 조무래기들을 상대로 내 힘을 다 써버릴 순 없는데. 어서 여왕을 찾아야겠어.

어때, 안쪽으로 들어오니 개미들이 줄었지? 이 방에 여왕이 있는 게 틀림없어.

"찾았다! 흠, 당신이 이 나라의 여왕인가? 역시 일개미들과는 다르게 기품이 느껴지고 풍채도 좋군. 하지만 나와 싸워서 이기긴 힘들 거야. 당신이 이 턱의 상대가 될 리 없잖아. 아야야, 저항해봤자 소용없다니까. 당신에게 개인적인 원한이 있는 건 아니지만 여기서 이만 죽어줘야겠어."

후유, 거우 해치웠네. 멋진 상대였어. 지치지 않았다고 하면 거짓말이겠지. 하지만 이 방을 나가기 전에 아직 해야 할 일이 남았어.

죽은 곰개미 여왕의 몸을 덮고 있는 왁스와 체액을 내 몸에 발라야 해. 이 나라 개미들이 나를 자기네 여왕이라고 착각하게 만들기 위해서지.

죽은 여왕의 체액은 내 체취와 달리 좀 안 좋은 냄새가 나지만, 나라를 차지하기 위해서라면 이 정도는 참을 수밖에.

다 됐다. 이제 방을 나가도 괜찮을 거야.

후후, 조금 전까지만 해도 나를 죽이려고 달려들던 일개미들이 이제는 나를 여왕으로 대하는 게 보이지?

이자들은 오늘부터 내 신하야.

아이 좋아라. 이제 안심하고 배 속에서 무럭무럭 자라고 있는 아이들을 낳을 수 있겠어.

내 시중을 드는 것도, 아이들을 돌보는 것도 모두 이 나라 개미들이 해줄 테니 다시 손 하나 까딱하지 않는 나날을 보낼 수 있겠군.

다른 종의 여왕개미를 죽이고 그 부하를 노예로 부리는 사무라이개미의 수법

개미들의 사회는 인간 사회와 닮은 점이 있습니다. 개미들 대부분이 각자 담당하는 일이 정해져 있기 때문입니다. 일반적으로 개미는 성충이 되면 여왕개미, 일개미, 병정개미, 수개미로 분화합니다.

이 경우, 알을 낳을 수 있는 것은 여왕개미뿐입니다. 여왕개미는 수개미와 교미한 후, 혼자 집을 짓고 알을 낳습니다. 부화한 개미들은 일개미가 됩니다. 그 후로도 여왕개미는 계속 알을 낳고, 먼저 태어난 일개미들이 이 알을 돌봅니다. 이렇게 해서 개미 집단은 점점 커져갑니다.

여왕개미는 보통 암개미만 낳습니다. 여왕이 낳은 암개미들은 일개미나 병정개미가 됩니다. 일개미는 이름 그대로 열심히 일을 합니다. 일개미가 하는 일은 여왕 시중들기, 알이나 유충 돌보기, 집 밖에서 먹이 찾기, 먹이 운반하기, 식량 비축하기, 집 청소 등 매우 다양합니다.

무사를 닮은 사무라이개미

사무라이개미는 사회성을 갖춘 일반적인 개미와는 조금 다릅니다. '무사'라는 뜻을 가진 이름에서 알 수 있듯이 싸움에만 특화되어 있기 때문에 생활과 관련된 잡일은 전혀 하지 않습니다.

사무라이개미는 오키나와를 제외한 일본 전역에서 볼 수 있으며, 몸길이는 5밀리미터 정도에 흑갈색을 띠고 있어 겉보기에는 보통 개미와 크게 다르지 않습니다. 다만 싸울 때 무기로 사용하는 큰턱의 형태에서 차이가 납니다. 사무라이개미는 다른 개미에 비해 큰턱이 길게 발달했으며 낫 모양을 하고 있습니다.

사무라이개미는 일을 하지 않습니다. 그렇다면 누가 식량을 모으고, 유충을 돌보고, 여왕의 시중을 들고, 집을 청소할까요? 생활과 관련된 이런 잡일은 모두 다른 종의 개미들이 합니다. 사무라이개미는 다른 개미를 속여서 하인처럼 부리고 자기 시중을 들게 합니다.

이처럼 숙주의 몸속에 기생해서 직접 영양분을 빼앗는 것이 아니라 숙주가 확보한 먹이를 자기 먹이로 삼는 등 숙주의 노동에 기생하는 형태를 '노동기생'이라고 합니다.

홀로 다른 개미집에 쳐들어가는 여왕개미

여왕개미와 교미하는 수개미는 날개가 있어서 교미 시기가 되면 하늘로 날아올라 상대를 찾아서 교미를 합니다. 여왕개미가 수개미와 교미를 하는 것은 일생 중 이때뿐입니다. 여왕개미의 수명은 10~20년 가까이 되는데, 결혼비행 때 수개미에게서 받은 정자를 체내에 담아두고 있다가 계속 알을 낳는 것이 가능하기 때문입니다.

교미를 마친 새 여왕개미는 알을 낳아야 합니다. 일반적인 개미의 경우에는 알에서 깨어난 개미들이 일개미가 되어 여왕개미와 알을 돌본다는 이야기는 앞에서도 했습니다만, 사무라이개미는 여왕개미가 낳은 알이 일개미가 되지 않기 때문에 시중을 들거나 알을 돌보는 것이 불가능합니다.

그렇기 때문에 새 여왕개미는 앞으로 태어날 아이들을 돌봐줄 개미를 찾아야 합니다. 사무라이개미를 돌보는 역할은 가까운 친척에 해당하는 불개미속(곰개미 등) 개미들이 할 수 있습니다.

새 여왕 사무라이개미는 곰개미 집을 발견하면 혈혈단신으로 쳐들어갑니다. 원래 개미가 다른 개미집을 공격할 때는 일개미나 병정개미를 데려가서 집단으로 싸움에 임하는 것이 일반적입니다. 하지만 사무라이개미는 일개미와 병정개미가 우글거리는 곰개미 집에 알을 낳을 준비가 된 여왕개미 혼자 싸우러 갑니다.

곰개미 집에 있던 일개미들은 여왕 사무라이개미가 침입하면 당연히 이를 막기 위해 강하게 저항합니다. 하지만 곰개미의 턱은 사무라이개미에 비해 작고 힘도 약하기 때문에 싸움에 불리합니다. 반면 여왕 사무라이개미는 턱이 넓을 뿐만 아니라 날카롭고 단단한 낫 모양을 하고 있어서 자신을 공격하는 곰개미들을 가볍게 제압하며 전진합니다. 그리고 마침내 개미집 안쪽 안전한 곳에 위치한 상대 여왕개미의 방으로 쳐들어갑니다.

여왕 사무라이개미는 상대 여왕개미를 발견하면 강한 턱으로 몸 여기저기를 공격합니다. 상대 여왕개미는 필사적으로 저항하지만 사무라이개미에게는 당해낼 재간이 없습니다. 결국 물린 상처에서 체액이 흘러나와 죽게 됩니다.

싸움이 끝나면 여왕 사무라이개미는 상대 여왕개미의 상처에서 흘러나온 체액을 핥거나 자기 몸에 바릅니다. 또 상대의 몸 표면을 덮고 있는 왁스를 덜어내어 자기 몸에 묻힙니다. 죽은 여왕개미로 위장하기 위해서입니다.

곤충의 몸 표면에는 탄화수소 혼합물인 왁스 층이 입혀져 있습니다. 개미와 같은 사회성 곤충은 같은 종이더라도 다른 집에 살고 있으면 왁스의 성분이 다르기 때문에 이를 기준으로 적인지 아군인지를 구분할 수 있습니다.

이 점을 역으로 이용해서 상대를 속이기 위해 죽은 여왕개미의 왁스를 자기 몸에 바르는 것입니다.

여왕 사무라이개미가 죽은 여왕개미의 체액과 왁스를 몸에 바르면 방금 전까지 맹렬하게 공격해오던 곰개미들은 움직임을 멈춥니다. 그뿐만 아니라 여왕 사무라이개미에게 다가와 지금까지 자기네 여왕개미에게 해온 것처럼 몸단장을 해주기 시작합니다.

여왕 사무라이개미는 곰개미들을 속이는 데 멋지게 성공해서 이 개미집의 여왕개미로 군림하게 된 것입니다.

다른 종의 개미에게 자기 새끼를 돌보게 하는 여왕개미

사무라이개미는 싸움에 특화된 강한 턱을 가지고 있지만, 스스로 딱딱한 먹이를 씹는 것은 불가능합니다. 그래서 식사는 곰개미가 씹어서 도로 뱉어낸 액체를 입을 통해 넘겨받는 방식으로 이루어집니다. 이렇게 해서 다른 종의 개미로부터 영양을 충분히 공급받은 여왕 사무라이개미는 싸워서 손에 넣은 새 집에서 알을 낳습니다. 곰개미 집에 있는 일개미들은 여왕 사무라이개미가 자기네 여왕이라고 착각하고 있기 때문에 아무런 혈연관계도 없는 여왕 사무라이개미가 낳은 알을 소중히 돌봅니다.

여왕 곰개미가 죽었기 때문에 이제 이 곰개미 집에서 태어나는 개미는 모두 사무라이개미입니다. 자기 힘으로는 식사도 제대로 하지 못하는 사무라이개미들이 계속해서 늘어나기 때문에 곰개미들은 사무라이개미의 시중을 드느라 정신이 없습니다.

그런데 곰개미의 수명은 1년 정도밖에 되지 않기 때문에 사무라이개미를 돌봐줄 하인 개미의 수는 점점 줄어들게 됩니다.

하인이 부족해지면 잡아오면 된다?!

자기들만으로는 아무것도 하지 못하는 사무라이개미는 하인이 부족해지면 생활이 불가능해집니다. 그래서 새로운 하인을 데려오기 위해 다른 개미집을 습격합니다.

태양이 내리쬐는 무더운 여름날, 사무라이개미 수백에서 수천 마리가 대열을 정비해 다른 곰개미 집을 덮칩니다. 공격을 받은 곰개미들은 물론 반격에 나서지만 싸움에 관해서는 사무라이개미 쪽이 한 수 위입니다. 사무라이개미는 예리한 큰턱으로 적을 무찌른 후, 곰개미 애벌레나 유충을 잡아서 집으로 데려옵니다.

끌려온 곰개미 애벌레와 유충을 돌보는 것은 원래 있던 하인 곰개미들입니다. 잡혀 온 곰개미들이 자라면 이들도 같은 집에 살고 있는 사무라이개미를 가족이라고 생각하고 열심히 시중을 들게 됩니다.

이처럼 사무라이개미는 정기적으로 다른 개미집을 공격해 하인을 보충함으로써 육아나 식사, 먹이 찾기 등 생활의 전부를 하인들에게 맡긴 채 살아갑니다.

노예사냥을 하는 또 다른 개미들

이런 식으로 다른 종의 개미집을 빼앗아서 새로운 보금자리로 삼는 습성은 가시개미, 황털개미, 풀개미 등에게서도 찾아볼 수 있습니다.

또 말벌과 중에서도 검정말벌이 노동기생을 하는 것으로 알려져 있습니다.

사무라이개미는 자기와 종이 다른 개미의 여왕을 죽이고, 죽은 여왕으로 둔갑해서 다른 종의 개미를 하인으로 삼아 노예처럼 부리고, 하인의 수가 부족해지면 병사를 파견해 잡아오는 등 극악무도한 짓을 일삼습니다. 하지만 과연 우리 인간에게 사무라이개미를 비난할 자격이 있을까요?

불과 200년 전까지만 해도 인간 사회에서는 잔인한 노예사냥이 합법적으로 이루어졌습니다. 자신과 같은 인간을 마치 동물처럼 덫이나 그물로 잡아서 밧줄로 꽁꽁 묶어 꼼짝도 할 수 없는 상태로 노예선에 태워서는 몇 달이나 걸리는 먼 땅으로 보내 평생을 노예가 되어 일하게 했던 것입니다.

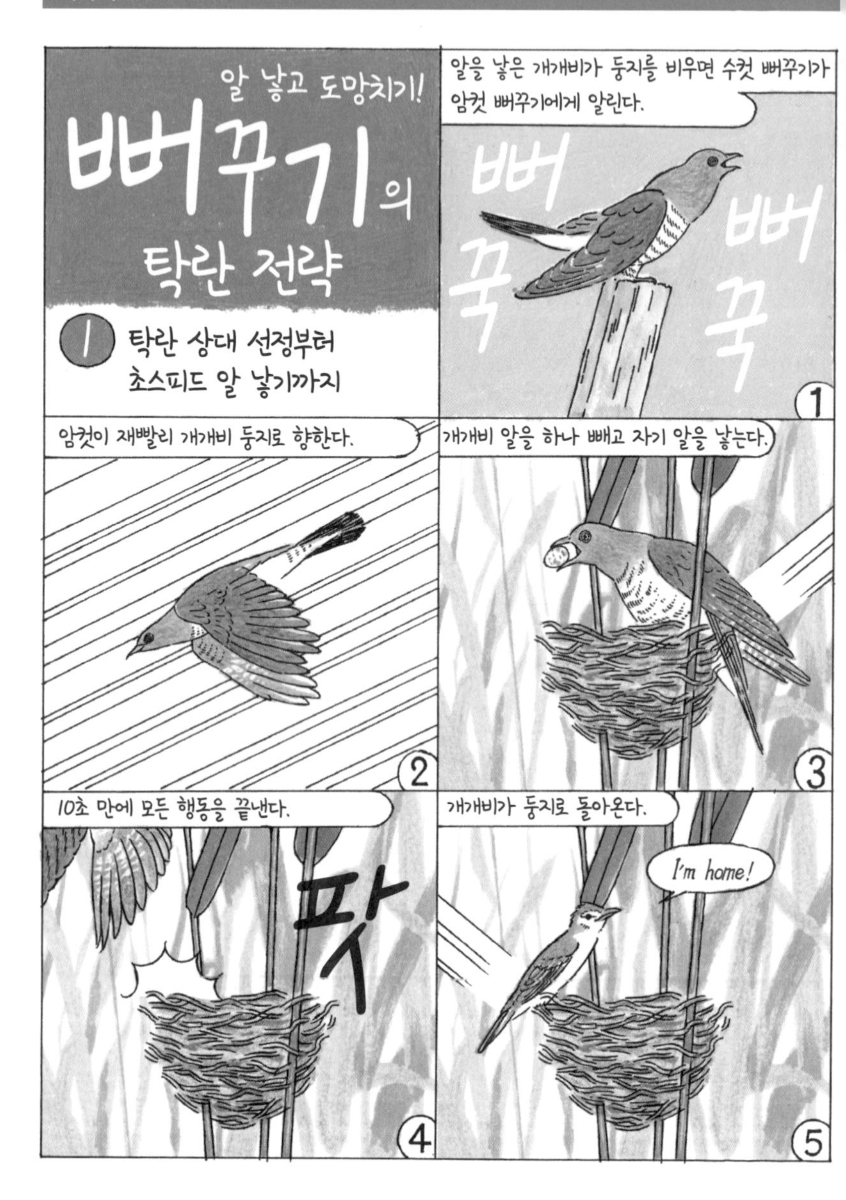

알 낳고 도망치기!
뻐꾸기의 탁란 전략
1 탁란 상대 선정부터 초스피드 알 낳기까지
알을 낳은 개개비가 둥지를 비우면 수컷 뻐꾸기가 암컷 뻐꾸기에게 알린다.
뻐꾹
뻐꾹
1
암컷이 재빨리 개개비 둥지로 향한다.
2
개개비 알을 하나 빼고 자기 알을 낳는다.
3
10초 만에 모든 행동을 끝낸다.
팟
4
개개비가 둥지로 돌아온다.
I'm home!
5

공동 작업 – 어느 뻐꾸기의 이야기

여보, 우리도 슬슬 아이를 갖는 게 어떨까? 부부 사이에 신뢰도 쌓였고, 지금이라면 당신과 힘을 합쳐 아이를 가질 수 있을 것 같은데.

물론 잘 알고 있지. 상대를 신중하게 골라야 한다는 걸. 자칫 잘못하면 소중한 우리 아이가 잘못될 수도 있으니까.

그럼 우선 함께 근처 숲을 돌아보자.

저기 좀 봐, 저 새는 어때?

…그러게, 당신 말이 맞아. 저 새는 안 되겠어. 아까부터 나무 열매만 먹고 있잖아. 우리처럼 곤충을 먹이로 삼는 새를 찾아야 하는데.

어머! 저기에 아까부터 열심히 곤충을 먹어치우고 있는 새가 있어!

…저 새도 안 되겠네. 우리만큼 커다랗잖아. 좀 더 작은 새를 찾아야지, 그렇지 않으면 우리 아이가 살아남을 수 없을 거야.

응? 어디? 아, 찾았다! 역시 우리 남편이야. 최적의 상대를 찾았네.

저 새는 우리보다 한참 작은데다 곤충을 먹이로 삼으니 괜찮을 거 같아. 게다가 둥지가 완성되어 있다는 건 곧 알을 낳을 거라는 의미잖아.

이제 저 새에게 들키지 않도록 조심하면서 교대로 감시하자.

(사흘 후)

이런, 벌써 사흘이나 지났어. 감시하는 것도 슬슬 지치네. 대체 저 새는 언제 알을 낳을 생각인지. 빨리 좀 낳았으면 좋겠는데. 난 이미 준비를 끝냈다고!

야호! 드디어 낳았어! 1개, 2개…, 멀어서 잘 안 보이지만 4개 정도 낳은 것 같아.

이제 어미 새가 둥지에서 멀어지기를 기다리기만 하면 돼.

나도 빨리 알을 낳고 싶어서 좀이 쑤시네.

저 어미 새, 슬슬 먹이를 찾으러 갈 때도 되지 않았나? 도대체 언제까지 알을 품에 안고 있을 생각인지. 계속 이런 상태면 내가 알을 낳으러 갈 수가 없잖아.

배가 고파서 더 이상 안 되겠어.

당신, 내가 배를 채우고 올 동안 잠깐만 교대해줘. 내가 없는 사이에 어미 새가 둥지를 비우면 바로 나한테 알려주고. 그럼 부탁 좀 할게.

이제야 뭘 좀 먹을 수 있겠네. 가만히 숨어서 감시만 하는 것도 생각보다 지친다니까. 계속 긴장하고 있어야 하고.

"뻐꾹! 뻐꾹!"

깜짝이야! 그이가 날 부르고 있어. 어미 새가 둥지를 비웠나 봐.

이러고 있을 때가 아니지. 어서 가서 그 둥지에 내 알을 낳아야 한다고!

후후, 이게 그 어미 새의 둥지로군. 폭신폭신해서 아기 새가 살기에 딱 좋겠는걸.

역시 알은 4개를 낳았네.

우선 그 새가 낳은 알 중 하나를 입에 물고, 그럼 알을 한번 낳아볼까?

좋아, 이제 됐어. 나도 구별이 안 될 정도로 원래 있던 알과 내가 낳은 알이 비슷해 보여서 다행이야.

입에 물고 있던 알은 먹어버려야지. 냠냠, 맛있는데?

자, 이제 어미 새가 돌아오기 전에 서둘러 도망가야지.

안녕, 내 사랑스러운 아가. 이 어미가 해줄 수 있는 일은 더 이상 없단다. 혼자서도 씩씩하게 잘할 수 있지? 저 어미 새가 주는 먹이를 양껏 받아먹고 쑥쑥 커야 한다. 부디 잘 지내렴, 아가야.

자, 그럼 다음에는 어느 새의 둥지에 알을 낳으러 가볼까?

다른 새에게 자기 새끼를 기르게 하는 뻐꾸기의 육아기생

번식과 관련해서 교묘한 기생 전략을 펼치는 것이 바로 뻐꾸기라는 새입니다. 이 새는 종이 다른 새의 둥지에 자기 알을 낳고 도망쳐 육아라는 큰일을 생판 남에게 맡겨버립니다.

개미나 말벌 같은 곤충 중에는 앞에서 나왔던 에메랄드는쟁이벌처럼 스스로 육아를 하지 않는 종이 있는데, 이것은 비단 곤충에게만 해당되는 이야기는 아닙니다. 자식을 돌보며 기르는 것은 부모에게 많은 시간과 노력을 요구하는 일로, 이를 남에게 맡기는 것을 탁란 또는 부화기생이라고 합니다. 이 또한 기생의 한 형태라고 할 수 있습니다.

탁란이라는 기생 형태를 취하는 생물 중 이 습성을 가장 고도로 발달시킨 것이 뻐꾸기입니다. 뻐꾸기는 뻐꾸기목 두견과에 속하는 새로, 몸길이는 35센티미터 정도 됩니다. 유라시아대륙과 아프리카에 널리 서식하고 있으며, 일본에는 5월경 날아와 알을 낳는 여름 철새입니다. 번식기에 들어간 수컷은 '뻐꾹! 뻐꾹!' 하고 특징적인 울음소리를 내기 때문에 모습은 보이지 않더라도 거기 있다는 사실은 알 수 있습니다. 일본인에게는 매우 친숙한 새라고 할 수 있겠습니다.

뻐꾸기가 알을 맡기는 상대는 몸길이가 20센티미터 정도 되는 개개비 등으로, 뻐꾸기보다 훨씬 크기가 작습니다. 이 장에서는 생판 남에게 자기 새끼를 기르게 하는 뻐꾸기의 교묘한 속임수에 대해 살펴보겠습니다.

탁란 상대를 고르는 조건

뻐꾸기는 아무한테나 탁란을 하는 것이 아니라 신중하게 상대를 골라서 탁란을 합니다. 뻐꾸기가 탁란 상대를 고를 때는 몇 가지 조건이 있습니다.

우선 상대의 식성이 뻐꾸기와 같아야 합니다. 만약 탁란 상대의 먹이가 뻐꾸기의 먹이와 다르다면 뻐꾸기 새끼가 부화하더라도 양부모에게서 받아먹을 수 있는 먹이의 종류가 달라집니다. 육식성인 뻐꾸기는 아기 새일 때부터 곤충 같은 것을 충분히 섭취하지 않으면 제대로 자라지 못합니다. 그래서 뻐꾸기는 자기들과 마찬가지로 곤충을 주식으로 하는 새를 탁란 상대로 삼습니다.

또 탁란 상대는 뻐꾸기보다 작아야 합니다. 다른 동물도 마찬가지입니다만, 몸집이 크면 클수록 필요로 하는 에너지도 많아지기 때문에 개체 수는 줄어듭니다.

반대로 몸집이 작은 동물은 그만큼 많은 수가 함께 모여서 서식할 수 있습니다. 즉, 몸집이 작은 새를 표적으로 삼으면 그 새는 무리 지어 살고 있을 확률이 높기 때문에 둥지도 여기저기 있어서 탁란을 할 기회가 많아집니다.

통상적으로 알의 크기는 어른 새의 크기에 비례하는 경우가 많은데, 뻐꾸기는 자기가 낳는 알의 크기를 조절할 수 있습니다. 자기보다 작은 새에게 탁란을 하기 때문에 그때그때 낳는 알의 크기를 상대 새가 낳는 알의 크기에 맞추어 조절하는 것입니다. 게다가 알의 크기를 작게 하면 커다란 알을 낳는 것보다 에너지가 절약되기 때문에 더 많은 알을 낳을 수 있습니다.

몸집이 작은 상대를 표적으로 삼는 이유는 한 가지 더 있습니다.

새끼 뻐꾸기는 알에서 부화한 후, 양부모의 알이나 새끼를 둥지 밖으로 밀어내어 양부모가 물어오는 먹이를 독차지해야 합니다. 그렇게 하지 않으면 원래 몸집이 큰 뻐꾸기의 새끼는 제대로 자랄 수 없기 때문입니다. 다른 알이나 새끼를 둥지 밖으로 쉽게 밀어내기 위해서는 상대 새가 작은 편이 유리합니다.

실제로 뻐꾸기가 탁란하는 상대는 뻐꾸기와 마찬가지로 곤충을 주로 먹으며 자신보다 훨씬 작은 새들입니다. 개개비, 멧새, 때까치, 물까치 등이 여기에 해당합니다.

뻐꾸기 부부의 합동 전략

암컷 뻐꾸기가 다른 새의 둥지에 알을 낳을 때, 수컷 뻐꾸기도 이를 돕습니다. 우선 탁란을 할 수 있는 조건을 갖춘 새, 예를 들어 개개비의 둥지를 찾습니다. 개개비가 알을 낳았을 때가 뻐꾸기도 같은 둥지에 알을 낳을 기회이기 때문에 표적을 정한 후에는 때가 오기를 기다립니다. 알을 낳은 개개비는 알을 따뜻하게 품고 있어야 해서 둥지를 비우는 일은 거의 없습니다. 하지만 가끔 허기가 너무 심해지면 먹이를 찾아 잠시 둥지를 비우게 됩니다. 뻐꾸기는 이 순간이 오기만을 기다리는 것입니다.

표적을 감시하는 방법도 아주 치밀합니다. 한 번이라도 개개비에게 모습을 들키면 경계할 위험이 있기 때문에 감시는 둥지에서 어느 정도 떨어진 장소에서 이루어집니다. 그리고 상대에게 들키지 않도록 주의하며 암컷 뻐꾸기와 수컷 뻐꾸기가 교대로 감시를 합니다. 표적으로 삼은 어미 새가 둥지를 비웠을 때 만약 수컷 뻐꾸기가 감시하던 중이었다면 '뻐꾹! 뻐꾹!' 하는 울음소리로 암컷 뻐꾸기에게 알려서 서둘러 빈 둥지로 향하게 합니다.

10초 만에 알 낳고 도망치기

이때부터 암컷 뻐꾸기는 모든 행동을 재빨리 끝마쳐야 합니다.

탁란 상대도 어미이기 때문에 품고 있던 알에서 떨어져 있는 시간은 얼마 되지 않습니다. 탁란 상대의 둥지를 찾아간 암컷 뻐꾸기는 우선 상대가 낳은 알을 하나 입에 물고, 자기 알을 낳습니다. 이렇게 하는 이유는 뻐꾸기의 알과 탁란 상대의 알이 겉으로 보기에는 매우 비슷하기 때문에 실수로 자기가 낳은 알을 먹어버리는 일이 없도록 하기 위해서라고 생각됩니다. 알을 낳은 후에는 입에 물고 있던 탁란 상대의 알을 먹어치워서 증거를 인멸합니다.

수컷 뻐꾸기와 신호를 주고받은 후, 암컷 뻐꾸기가 원래 있던 알을 치우고 자기 알을 낳는 일련의 행동은 매우 신속하게 이루어집니다. 10초 정도면 충분합니다. 이리하여 둥지 주인이 돌아왔을 때는 뻐꾸기 알이 천연덕스럽게 둥지 한구석을 차지하고 있게 되는 것입니다.

둥지 주인의 알을 빼내는 이유

뻐꾸기가 알을 낳을 때 탁란 상대의 알을 빼내는 것은 알의 개수를 맞춰서 다른 알이 섞여들었다는 사실을 눈치채지 못하게 하기 위해서라고 여겨져 왔습니다. 하지만 시험 삼아 둥지에 다른 알을 한두 개 더 넣었는데도 둥지 주인인 어미 새는 이 사실을 눈치채지 못했습니다.

그렇다면 뻐꾸기는 왜 이런 행동을 하는 것일까요?

우선 첫 번째로 알을 낳는 데 시간이 걸려서 둥지 주인이 중간에 돌아왔을 경우에 자기는 어디까지나 알을 먹으러 온 침략자에 불과하다고 생각하게 만듦으로써 탁란한 사실을 숨기기 위해서라고 생각해볼 수 있습니다.

또 다른 가설로는 한 둥지에 낳는 알의 개수는 어미 새가 기를 수 있는 최대치인 경우가 많기 때문에 이 숫자를 엄격하게 유지하는 것이 아니냐는 의견도 있습니다.

이어서 다음 장에서는 다른 새의 둥지에 남겨진 새끼 뻐꾸기가 그 후 어떻게 되었는지 살펴보도록 하겠습니다.

새끼 뻐꾸기는 남의 집에서 홀로 어떻게 살아남을까요? 여기에는 뻐꾸기의 놀라운 생존 전략이 숨어있습니다.

알 낳고 도망치기!
뻐꾸기의 탁란 전략
2 고립무원의 탄생부터 어른 새가 되기까지
뻐꾸기 알이 부화한다.
Hello!
1
한 둥지에 있는 개개비 알을 둥지 밖으로 밀어 떨어뜨린다.
영차 영차
2
실패를 거듭하며 3일간 같은 행동을 반복한다.
휙
3
먹이를 독차지해 쑥쑥 자란다.
짹 짹 짹
4
개개비는 새끼 뻐꾸기가 자기보다 더 커져도 계속 먹이를 물어다 준다.
5

거대한 우리 아이 - 어느 새의 이야기

이 아이가 우리 딸이야. 아주 예쁘고 커다랗지?

그래도 아직 다 자란 건 아니야. 저것 좀 봐, 둥지 안에서 짹짹 울면서 나를 기다리고 있잖아.

보다시피 저 아이를 키우는 건 쉬운 일은 아니야. 저렇게 큰 만큼 먹는 양도 많으니까.

나는 매일 아침부터 밤까지 저 아이를 위해 숲속을 헤집고 다니며 벌레를 잡아와 입에 넣어주고 있어. 식욕이 얼마나 왕성한지, 하루가 다르게 먹는 양이 늘어나는 게 무서울 정도야.

매일 지칠 때까지 먹이를 날라다 줘도 저 아이는 "엄마, 더요! 더 주세요! 더 먹고 싶어요!" 하며 울어대.

새끼를 키우는 건 이번이 세 번째인데, 이렇게 잘 먹는 아이는 처음이야. 이렇게 큰 아이도 처음이고.

저것 좀 봐, 아직 날지도 못하는 아기 새인데 너무 커서 둥지가 작아 보이잖아.

이 아이는 처음부터 특별했어.

이번에도 정확한 개수는 기억하지 못하지만 알을 몇 개 낳았는데, 저 아이 하나만 살아남았어. 전에 알을 낳았을 때는 세 마리 정도는 잘 컸는데 말이야.

저 아이 혼자 살아남은 데는 이유가 있어. 바로 저 아이가 다른 아이들을 다 죽여버렸거든.

나는 알을 낳은 후 식사 때를 제외하곤 계속 둥지에서 알을 품고 있었어. 그러던 어느 날, 저 아이가 다른 아이들보다 조금 일찍 알에서 나왔어.

아직 눈도 안 보이고 날개털도 나지 않은데다 비틀거리며 몇 발짝 걷는 게 고작이었지. 그런데 안간힘을 쓰며 다른 알을 자기 등에 올리려고 하지 뭐야.

나는 처음에는 저 아이가 다른 알들이랑 놀고 싶어서 그런 줄 알고 그저 흐뭇하게 바라보고 있었어.

태어난 지 얼마 되지도 않은 아기 새가 알을 등에 올리려고 해봤자 제대로 될 리가 없잖아. 아니나 다를까 처음 몇 번은 실패하더라고.

그런데 포기를 하지 않더라고. 잠도 안 자고 몇 번이나 반복해서 알을 자기 등에 올리려고 하는 거야. 단순히 놀고 있는 게 아니라 마치 무언가에 홀린 것처럼 강한 사명감 같은 게 느껴졌어.

그러다 결국 다른 알을 등에 올리는 데 성공하는가 싶더니 그대로 둥지 밖으로 밀어버리더라고.

둥지에서 밀려난 알은 그대로 땅바닥에 떨어져 깨져버렸어.

그 알에는 금방이라도 태어날 것 같은 아기 새가 들어있었는데, 내 눈앞에서 그렇게 허망하게 잃게 되니 좀 슬프더라고.

그런데 그건 사고가 아니었어. 왜냐하면 저 아이는 그 후로도 쉬지 않고 다른 알들을 둥지 밖으로 밀어냈고, 결국 혼자 남게 되었거든.

왜 막지 않았냐고?

아마 그때는 강한 아이가 살아남는 게 세상의 이치라고 생각했던 것 같아.

아무튼 그래도 내게는 귀엽고 사랑스러운 아이야.

그런데 요즘 아이가 크면서 다른 집 엄마들한테 종종 이런 말을 듣기는 해.

"귀여워하니 뭐라 말은 못 하겠는데, 그 집 아이는 우리 종족이 아니에요. 딱 봐도 크기며 모양이 완전 딴판이잖아요."

이야기 10 | 빼꾸기의 탁란 전략 ②

다른 알을 둥지 밖으로 밀어내고 혼자 살아남은 새끼 뻐꾸기의 생존 전략

다른 알과 아기 새를 모두 죽여버리는 새끼 뻐꾸기

다른 종의 어미 새가 만든 둥지에 놓인 뻐꾸기 알은 그 후 어떻게 될까요? 엄마도 형제도 친구도 없이 혼자 힘으로 살아남아야 합니다. 뻐꾸기 알은 가짜 어미 품속에서 따뜻하게 있다가 10~12일 후 부화합니다. 어미 뻐꾸기와 가짜 어미가 비슷한 시기에 알을 낳은 경우, 뻐꾸기 알이 하루 이틀 정도 더 빨리 부화합니다. 알에서 깨어난 새끼 뻐꾸기는 아직 눈도 보이지 않고, 날개에 털도 나지 않은 상태입니다.

그래도 새끼 뻐꾸기에게는 해야 할 일이 있습니다. 가짜 어미가 낳은 알을 모두 처치하는 것입니다. 알에서 나온 뻐꾸기는 같은 둥지에 있는 알들을 등에 얹어 밖으로 떨어뜨립니다.

다른 알을 전부 없앨 필요는 없지 않느냐고 생각할 수도 있지만, 새끼 뻐꾸기로서는 다른 형제를 모두 죽이지 않으면 자기가 살아남을 가능성이 희박해집니다. 앞에서도 말했듯이 뻐꾸기는 양부모보다 훨씬 크기 때문에 성장하기 위해서는 많은 양의 먹이가 필요합니다. 어미가 물어오는 먹이를 독차지할 수 없다면 살아남지 못할지도 모릅니다. 또 형제들이 알에서 깨어나면 새끼 뻐꾸기와 모습이 너무 많이 달라서 정체가 탄로 날 수도 있습니다.

이런 위험을 피하기 위해 뻐꾸기는 가능한 한 빨리 부화해서 다른 알들을 제거하는 것입니다. 하지만 뻐꾸기가 일찍 부화한다고는 해도 하루 이틀 정도밖에 차이가 나지 않습니다. 때로는 가짜 어미의 알이 먼저 부화하는 경우도 있습니다.

하지만 가짜 어미에게서 태어난 아기 새는 다른 알을 둥지 밖으로 밀어버리는 습성을 갖고 있지 않기 때문에 뻐꾸기는 조금 늦더라도 무사히 부화할 수 있습니다. 또 새끼 뻐꾸기는 다른 형제들보다 커서 나중에 부화하더라도 다른 아기 새들을 둥지 밖으로 밀어버릴 수 있습니다.

제한 시간은 3일

새끼 뻐꾸기가 다른 형제들을 제거하는 이러한 행동은 부화한 후 3일 동안만 이루어집니다. 이 3일 동안 가짜 어미의 알이나 아기 새를 모두 제거하지 못한 경우에는 먹이를 충분히 얻어먹지 못해서 굶어 죽거나 가짜 어미에게 들켜서 죽임을 당할 가능성이 높습니다.

신기하게도 가짜 어미는 새끼 뻐꾸기의 이러한 행동을 막지 않습니다. 새끼 뻐꾸기가 조금 크다고는 해도 갓 태어난 아기 새는 힘이 없기 때문에 알을 등에 얹어 둥지 밖으로 밀어내는 것은 쉬운 일이 아닙니다. 3일 동안 몇 번이나 실패를 거듭하며 이런 행동을 반복하는 새끼 뻐꾸기를 가짜 어미는 그냥 내버려 둡니다. 그리고 새끼 뻐꾸기에게 열심히 먹이를 날라다 줍니다.

새끼 뻐꾸기를 보살피는 자그마한 가짜 어미

형제들을 모두 처치하고 무사히 둥지에 홀로 남은 새끼 뻐꾸기는 가짜 어미가 물어오는 먹이를 독차지하게 됩니다. 새끼 뻐꾸기의 입안은 붉은색으로, 입을 크게 벌리면 눈에 확 들어옵니다. 이 색이 새끼를 먹여야 한다는 어미 새의 본능을 자극하기 때문에 가끔은 주변에 서식하는 다른 새들까지 새끼 뻐꾸기에게 먹이를 주는 경우가 있다고 합니다.

먹이를 독차지한 새끼 뻐꾸기는 쑥쑥 자라서 가짜 어미의 2배 이상 커져 몸이 둥지에서 삐져나옵니다. 이 정도로 자라면 겉으로 보기에도 전혀 다른 종이라는 것을 분명히 알 수 있지만, 아기 새일 때부터 키워온 가짜 어미는 여전히 새끼 뻐꾸기가 자기 아이라고 믿고 계속해서 먹이를 물어다 줍니다. 그리고 둥지를 떠날 때가 되면 뻐꾸기는 가짜 어미를 내버려 두고 아무런 미련 없이 날아갑니다.

탁란 어미 vs 가짜 어미

새는 보통 번식기에 알을 4개 정도 낳습니다. 하지만 뻐꾸기처럼 탁란을 하는 새는 그 2배 이상, 10~15개 정도 낳습니다. 탁란이 성공하면 뻐꾸기 새끼만 살아남고 둥지에 있던 다른 새의 알은 모두 버려집니다.

이런 일이 반복되면 조류 세계에서는 눈 깜짝할 사이에 탁란을 하는 새만 늘어날 것 같지만 그렇지는 않습니다. 왜냐하면 일단 탁란이 성공하면 가짜 어미가 낳는 새끼의 수가 줄어들고, 그렇게 되면 다음 세대에서는 가짜 어미로 삼을 새가 부족해집니다. 가짜 어미가 없으면 탁란이 불가능하기 때문에 이번에는 탁란을 하는 새의 수가 줄어들고, 반대로 탁란 대상이 되는 새의 수는 늘어나 결과적으로는 절묘한 균형을 유지하게 되는 것입니다.

또 이렇게 개체 수가 균형을 찾아가는 것 외에 가짜 어미가 뻐꾸기를 공격하거나, 뻐꾸기 알을 구별해낼 수 있게 되어 탁란된 알을 버리는 경우도 있습니다.

일본 신슈대학교에서 실시한 연구에서는 탁란 대상이 되는 새와 뻐꾸기가 벌이는 공방전의 전모를 밝히고 있습니다.

일본에서는 수십 년 전까지만 해도 뻐꾸기가 멧새에게 탁란을 했습니다. 그런데 하도 탁란을 당하다 보니 언제부터인가 멧새가 상당히 높은 확률로 뻐꾸기의 알을 판별해낼 수 있게 된 것입니다. 그 결과, 뻐꾸기의 탁란은 실패하는 경우가 많아졌습니다.

그래서 뻐꾸기는 탁란 상대를 바꾸어 이번에는 물까치에게 탁란을 하게 되었습니다. 물까치는 그때까지 탁란을 당한 경험이 없었기 때문에 지역에 따라서는 탁란이 시작된 후 5~10년 사이에 전체 물까치 둥지 중 약 80퍼센트가 탁란 피해를 입기도 했으며, 물까치의 개체 수는 5분의 1에서 10분의 1까지 감소했습니다. 이대로라면 물까치는 멸종될 위기에 처한 셈이있는데, 물까치도 가만히 당하고 있지만은 않았습니다. 뻐꾸기에게 대항할 수단을 만들어낸 것입니다.

실험에서는 박제로 만든 뻐꾸기를 물까치 둥지 앞에 두고, 물까치가 공격하는지를 관찰했습니다. 탁란이 시작된 지 10년이 안 된 지역에서는 물까치가 거의 공격을 하지 않았지만, 탁란의 역사가

긴 지역일수록 뻐꾸기 박제를 거세게 공격한다는 사실을 알게 되었습니다. 또 15년 가까이 탁란이 이루어져 온 지역에서는 물까치가 뻐꾸기 알을 제거하거나 탁란 당한 둥지를 버리는 등 대항 수단을 갖춘다는 사실도 밝혀졌습니다.

즉, 처음에는 쉽게 속아 넘어갔던 물까치가 이제는 탁란 사실을 눈치채고 알도 구별할 수 있게 되면서 둥지에서 뻐꾸기 알을 떨어뜨리거나 둥지에 가까이 오는 뻐꾸기를 공격하는 등의 움직임을 보이게 된 것입니다.

하지만 뻐꾸기도 가만있지 않았습니다.

2013년에 발표된 논문에서는 아프리카에 서식하는 뻐꾸기(뻐꾸기베짜는새)가 얼마나 끈질기고 집요하게 탁란을 하고 있는지 설명하고 있습니다. 논문 내용에 따르면 암컷 뻐꾸기는 한 가짜 어미의 둥지에 몇 번이고 들락거리며 가능한 한 많은 –평균적으로 2일에 1개 정도– 알을 낳는다고 합니다. 한 둥지에 알을 여러 개 낳아 가짜 어미를 혼란에 빠뜨림으로써 가짜 어미가 뻐꾸기 알을 골라내 제거하지 못하도록 만드는 것입니다.

그 결과, 이 지역에서는 뻐꾸기가 표적으로 삼은 새의 둥지 중 약 20퍼센트에서 탁란이 이루어진다고 합니나.

자기가 키우지 않고 남에게 맡기는 탁란 전략

탁란이라는 전략은 어미 뻐꾸기와 가짜 어미의 공방, 그리고 절묘한 균형 사이에서 이루어집니다. 세계에는 약 9,000종의 조류가 있는데 그중 약 1퍼센트가 탁란을 합니다. 이 새들은 왜 탁란을 하는 것일까요?

뻐꾸기는 변온성 동물로, 체온이 상황에 따라 10도 정도 변한다고 합니다. 이러한 체질은 알을 품어 아기 새를 부화시키기에 적합하지 않기 때문에 탁란을 한다는 설이 있는데, 반대로 탁란을 계속해온 결과, 알을 품을 필요가 없어져서 체온을 일정하게 유지하지 못하게 되었다는 설도 있습니다.

탁란이라는 신비로운 생태에 대해서는 아직 밝혀지지 않은 부분이 많습니다.

번외편 충격! 새뿐만 아니라 메기도 탁란을 한다고?

뻐꾸기와 직접적인 관계는 없지만, 탁란에 대해 좀 더 살펴보도록 하겠습니다. 지금까지 탁란이라는 생존 전략은 조류에게서만 볼 수 있는 방식이라고 여겨져 왔습니다. 그런데 1986년, 일본 나가노대학교 사토 데츠 교수의 연구팀이 물고기 중에도 탁란을 하는 종이 있다는 사실을 발견했습니다. 탁란을 하는 이 물고기는 바로 아프리카 탕가니카 호수에 서식하는 메기이며, 탁란을 당하는 상대 물고기는 시클리드였습니다.

시클리드는 특이한 육아 방법으로 잘 알려진 물고기입니다. 새끼를 어미 입안에서 키우기 때문입니다. 시클리드처럼 일정 기간 어미가 새끼를 입안에서 키우는 것을 '마우스브루더'라고 하는데, 민물고기든 바닷물고기든 상관없이 다양한 어종에서 찾아볼 수 있는 번식 전략입니다.

일반적으로 어류의 알은 작고 무방비한 상태이며, 치어일 때도 다른 동물에게 잡아먹히기 쉽습니다. 그래서 어미 물고기가 자기 알이나 치어를 입안에서 키우는 것입니다. 이렇게 함으로써 외부의 적으로부터 알을 지킬 수 있고, 치어가 되어서도 잡아먹힐 확률이 크게 낮아집니다.

이처럼 자기 새끼를 입안에서 키우는 시클리드에게 탁란을 하려고 노리는 것이 바로 메기입니다. 탁란 기회를 엿보는 메기 부부는 암컷 시클리드가 알을 낳고 있을 때 난입해서 자기들도 알을 낳아 메기 알과 시클리드 알을 섞어버립니다. 시클리드는 알을 입안에 넣어 보호하면서 부화시키기 때문에 자기 알과 메기 알을 다 입에 물고 있게 됩니다.

새끼 메기는 생판 남인 어미 물고기의 입안에서 안전하게 보호받으며 한발 먼저 알에서 깨어납니다. 그리고 양분으로 삼을 난황낭(알에서 갓 나온 물고기의 배에 달린 영양 주머니-옮긴이)이 아직 남아

있는데도 다른 시클리드 알을 먹기 시작합니다. 어미 시클리드는 자기 입안에서 자기 아이들이 죽임을 당하고 있다는 생각은 꿈에도 하지 못한 채 새끼 메기를 입안에서 소중히 키워갑니다.

가짜 어미인 시클리드에게 보호받으며 쑥쑥 자란 메기는 이윽고 멋진 수염을 달고 가짜 어미와는 전혀 다른 모습이 되어 입안에서 유유히 빠져나옵니다.

이야기 11

어느 무당벌레의 수난

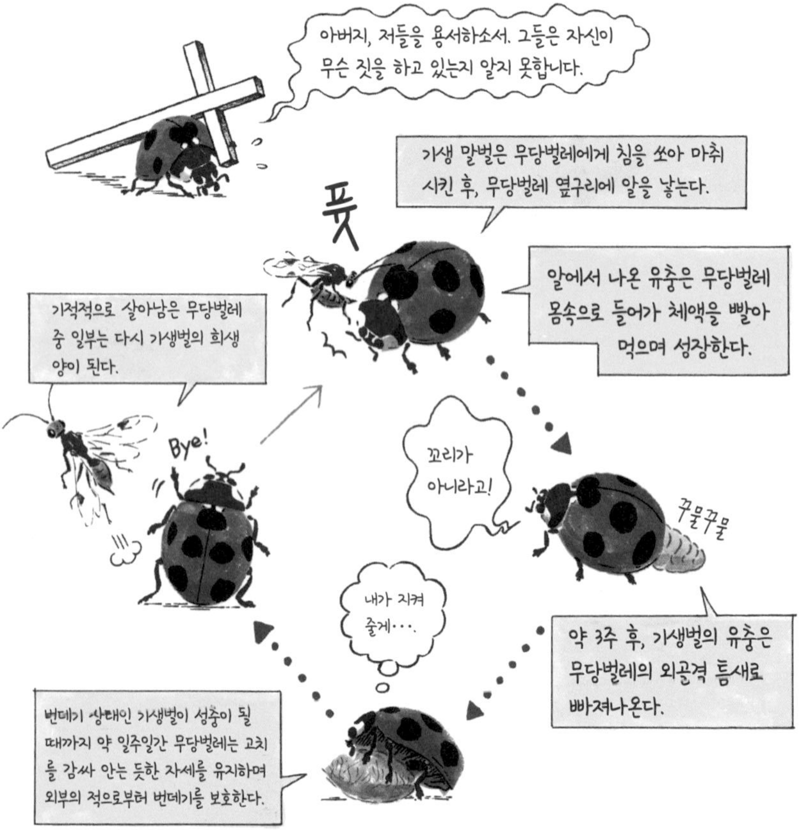

아버지, 저들을 용서하소서. 그들은 자신이 무슨 짓을 하고 있는지 알지 못합니다.

가생 말벌은 무당벌레에게 침을 쏘아 마취시킨 후, 무당벌레 옆구리에 알을 낳는다.

퓻

알에서 나온 유충은 무당벌레 몸속으로 들어가 체액을 빨아 먹으며 성장한다.

꼬리가 아니라고!

꾸물꾸물

약 3주 후, 가생벌의 유충은 무당벌레의 외골격 틈새로 빠져나온다.

내가 지켜 줄게···.

번데기 상태인 가생벌이 성충이 될 때까지 약 일주일간 무당벌레는 고치를 감싸 안는 듯한 자세를 유지하며 외부의 적으로부터 번데기를 보호한다.

Bye!

기적적으로 살아남은 무당벌레 중 일부는 다시 가생벌의 희생양이 된다.

수난 - 어느 무당벌레의 이야기

나는 곤충계의 귀염둥이, 무당벌레다. 같은 곤충이라고는 해도 바퀴벌레는 비난과 혐오의 대상인 반면, 나는 모두의 사랑을 독차지하고 있다.

전체적으로 동글동글한 모양새인데다가 빨간 등에 까만 점의 대비가 매력 포인트랄까.

영어로는 '레이디버그'라고도 불린다.

난 수컷이지만 그래도 '레이디(아가씨)'가 붙는데, 여기서 말하는 레이디는 성모 마리아를 의미한다. 인간들이 농사지은 작물에 해를 입히는 진딧물을 우리가 잡아먹으니 성모 같은 존재라는 건가?

인간들은 우리를 보면 귀엽다고 하지만 이래 봬도 우리는 높은 방어 능력을 갖추고 있다.

이 빨간색 등이나 검은색 반점은 새들에게는 경계색에 해당하기 때문에 우리를 꺼리고 가까이 오지 않는다. 물론 우리를 잡아먹겠다고 입에 넣는 동물들도 있지만, 그럴 때는 다리 관절에서 강한 악취와 쓴맛이 나고 독성을 띤 노란 액체를 뿜는다. 그러면 다들 깜짝 놀라 우리를 뱉어내고, 다음부터는 근처에 얼씬도 하지 않게 된다.

그 덕분에 우리는 천적이 별로 없다.

그래도 두려워하는 상대는 있다. 가끔 우리에게 접근해오는 작은 벌이다.

"가까이 다가오는 작은 벌을 조심해야 해"라는 말을 어려서부터 귀에 못이 박힐 정도로 들었다.

지금까지 그런 벌을 본 적이 없었기 때문에 정말 있나 싶었는데, 얼마 전에 나를 노리는 벌을 처음 만났다. 그 녀석은 내게 다가와 침을 쏘려고 했고, 나는 필사적으로 저항했다. 눈치채는 게 조금만 늦었더라도 침에 찔렸을 거다.

아무튼 나는 무사히 방어에 성공했다.

녀석은 포기했는지 주변을 둘러보다가 이윽고 옆에 있는 나무에서 열심히 진딧물을 잡아먹고 있는 다른 무당벌레에게 날아갔다.

그 친구는 벌이 가까이 오는 줄 모르고 있다가 그만 침에 찔려버렸다. 그리고 그 침 때문인지 움직임이 눈에 띄게 둔해졌다.

이어서 벌은 한 번 더, 이번에는 무당벌레의 옆구리 쪽에 뭔가를 찔러 넣는 듯했다.

나는 걱정이 돼서 친구에게 달려갔지만, 친구는 곧 원래대로 돌아와 평소처럼 움직였다. 그리고 아무 일도 없었다는 듯 다시 진딧물을 잡아먹는 데 열중했다.

벌에 쏘인 그 친구는 다음 날도 그다음 날도 정신없이 진딧물을 잡아먹었다. 그 모습이 어딘지 모르게 이상해 보여서 나는 걱정스러운 마음에 조금 떨어진 곳에서 매일같이 그를 지켜봤다.

며칠이 지난 어느 날, 친구는 갑자기 움직임을 멈췄다. 그리고 곧이어 배 속에서 거대한 애벌레가 천천히 기어 나왔다.

나는 두려움에 사로잡혀 손가락 하나 까딱할 수 없었다.

애벌레는 친구의 배 속에서 빠져나와 이번에는 배 아래쪽으로 이동했다. 그리고 입에서 실을 뽑아내며 고치를 만들었다. 고치는 방금 애벌레가 빠져나온 내 친구 무당벌레와 거의 같은 크기였다.

친구는 그 거대한 고치를 감싸 안은 자세로 움직이지 않았다.

나는 그 모습이 어딘가 기이하게 느껴져서 너무 무서웠다.

하지만 한편으로는 친구가 죽어서 더 이상 괴롭지 않을 거라고 생각하니 좀 위안이 되기도 했다.

“맙소사!”

그런데 친구는 죽은 게 아니었다.

고치를 껴안은 채 때때로 꿈틀거리고 있는 게 아닌가!

자세히 들여다보니 고치를 잡아먹으려고 다가오는 벌레들을 내쫓고 있는 것이었다.

“대체 뭐가 어떻게 된 거야….”

그때 나는 확신했다. 그 친구가 다시는 우리 곁으로 돌아오지 못할 거라고.

내 예상이 빗나갔다는 것을 알게 된 것은 일주일 후였다.

친구는 아무 일도 없었던 것처럼 다시 내 앞에 나타났다.

물론 거대한 고치는 어디서도 찾아볼 수 없었다.

친구는 그저 내 눈앞에서 전과 다름없이 열심히 진딧물을 잡아먹고 있었다.

내가 본 건 꿈이었을까?

그게 아니라면 내 머리가 이상해질 것 같으니 그냥 꿈이라고 생각해야겠다.

이야기 11 | 어느 무당벌레의 수난

뇌세포가 파괴되고 온몸을 파먹혀도 끝까지 기생벌을 보호하는 무당벌레의 비극

무당벌레는 딱정벌레목 무당벌레과로 분류되는 곤충을 부르는 총칭입니다. 영어권 국가에서는 '레이디버그(성모의 벌레)'라고 부르며, 농작물을 지켜주는 익충으로 알려져 있습니다. 일본에서는 풀잎 위를 향해 하늘로 올라가는 모습을 보고 '천도충'이라는 이름이 붙여졌습니다.

바퀴벌레를 보면 비명을 지르는 사람이 많은 반면, 무당벌레를 보고 소리를 지르는 사람은 거의 없습니다. 무당벌레 모양의 장신구나 필기구가 있는가 하면, 일본에서는 1970년대에 〈무당벌레의 삼바〉라는 노래가 크게 유행하기도 했습니다. 이 노래는 특히 결혼식 축가로 많이 사용되었는데, 만약 노래 제목이 '바퀴벌레의 삼바'였다면 결코 결혼식장에서 불리는 일은 없었을 것입니다. 그만큼 무당벌레는 벌레 중에서 거의 유일하게 인간에게 사랑받는 존재라고 할 수 있습니다.

무당벌레의 몸은 작고 동글동글하며, 빨강이나 노랑 등 또렷한 색을 띠고 있습니다. 바퀴벌레처럼 잽싸게 움직이는 일은 거의 없고, 집 안에서 갑자기 나타나거나 하지도 않습니다. 보기에도 귀엽고 성격도 느긋한데다, 무당벌레 중 일부는 농작물에 해를 입히는 진딧물을 잡아먹습니다.

같은 무당벌레라고 해도 그 종류는 다양하며, 저마다 먹이로 삼는 것도 다릅니다. 먹이를 기준으로 크게 세 종류로 분류해보면 우선 진딧물이나 깍지벌레 등을 먹는 육식성 무당벌레, 흰가루병균 등을 먹는 균식성 무당벌레, 가짓과 식물 등을 먹는 초식성 무당벌레가 있습니다. 이들 무당벌레는 농약을 대신하는 생물농약으로 사용되기도 합니다.

작고 동그랗고 귀여운 모습을 한 무당벌레이지만, 자신을 잡아먹으려는 적으로부터 몸을 지킬 수단은 완벽하게 갖추고 있습니다.

우리가 물방울무늬 같다고 귀여워하는 빨강이나 검은 반점은 사실 포식동물을 향한 경계색입니다. 조류 등은 이 색을 보고 무당벌레를 잡아먹지 않습니다. 또 무당벌레 유충이나 성충은 적을 만나면 죽은 척을 해서 위기를 넘깁니다. 그래도 잡아먹는 동물이 있는 경우에는 고약한 냄새와 쓴맛이 나면서 독성을 띤 노란 액체를 다리 관절에서 분비해 자기를 토해내게 합니다.

기생벌의 표적이 되는 무당벌레

무당벌레는 다양한 방어 수단을 가지고 있지만, 기생벌에게는 속수무책으로 당하고 맙니다. 무당벌레에게 기생하는 것은 기생 말벌입니다. 이 말벌은 오직 무당벌레에게만 기생하며, 몸길이는 3밀리미터 정도밖에 되지 않습니다.

암컷 기생 말벌은 알을 낳을 수 있게 되면 우선 무당벌레를 찾아 나섭니다. 무당벌레를 발견하면 먼저 침을 쏘아 마취시키고, 이어서 무당벌레 옆구리에 알을 하나 낳습니다.

알에서 나온 유충은 무당벌레 몸속으로 들어가 무당벌레의 체액을 빨아먹으며 성장합니다. 그동안 숙주가 된 무당벌레의 몸은 조금씩 병들어가지만, 겉모습이나 행동에는 변화가 없으며 평소와 다름없이 생활합니다.

3주쯤 지나면 무당벌레의 절반 크기로 자란 벌 유충이 무당벌레의 외골격 틈새로 천천히 빠져나옵니다. 이렇게 커다란 말벌 유충에게 속을 파먹힌 무당벌레는 그대로 죽어버리는 경우가 많지만, 놀랍게도 30~40퍼센트 정도는 여전히 살아있습니다. 기생 말벌의 유충이 생명과 직접적인 관련이 없는 지방 등의 조직을 중점적으로 먹기 때문입니다.

몸속을 파먹혀도 기생벌을 보호하는 무당벌레

무당벌레 몸에서 나온 기생 말벌의 유충은 무당벌레의 배 아래쪽에 파고들듯 자리를 잡고 고치를 만들어 그 안에서 번데기가 됩니다. 겉으로 보기에는 마치 무당벌레가 고치를 품고 있는 것처럼 보입니다.

숙주가 된 무당벌레의 30퍼센트 이상이 이때까지도 아직 살아있습니다. 죽은 게 아니라면 빨리 도망치면 좋으련만 기생 말벌의 유충이 무당벌레 몸에서 빠져나간 후에도 도망칠 생각은 하지 않고 가만히 고치를 품고 있습니다.

무당벌레는 그저 고치를 품고만 있는 것이 아닙니다. 자기 몸을 파먹은 기생 말벌이 번데기가 되어 움직이지 못하는 동안 번데기의 경호원 역할을 합니다. 번데기는 외부의 적에게 취약한 상태로, 풀잠자리 유충 등이 아주 좋아하는 먹이이기도 합니다. 빈사 상태에 놓인 무당벌레는 번데기를 노리는 포식동물이 가까이 오면 번데기를 지키기 위해 다리를 휘저어 적을 내쫓습니다. 이윽고 벌이 성충이 되어 날아갈 때까지 약 일주일간 무당벌레는 열심히 번데기를 지킵니다.

기생 당한 무당벌레의 말로

몸속을 거대한 말벌 유충에게 파먹히고, 일주일 가까이 먹지도 마시지도 못하고 번데기를 지키는 경호원 역할을 한 무당벌레는 곧 죽을 것 같습니다. 하지만 놀랍게도 말벌에게 기생 당한 무당벌레의 4분의 1 정도는 원래 생활로 돌아옵니다. 그리고 이렇게 기적적으로 살아남은 무당벌레 중 일부는 또다시 기생 말벌에게 기생 당하게 됩니다.

기생 말벌은 어떻게 무당벌레를 조종하는가

숙주가 된 무당벌레는 유충이 몸에서 빠져나간 뒤에도 계속해서 자기 의지와는 상관없이 기생 말벌을 보호하려고 합니다. 몸속에 기생하고 있는 상태라면 세뇌당하는 것도 이해가 가지만, 몸 밖으로 나온 후에도 세뇌 상태가 이어지는 것은 왜일까요?

그 이유는 최근까지 베일에 가려져 있었습니다. 그런데 2015년 발표된 논문을 통해 수수께끼의 일부가 풀렸습니다. 기생 말벌은 마취 물질과 함께 뇌를 감염시키는 바이러스를 무당벌레에게 주입했던 것입니다.

연구팀은 숙주가 된 무당벌레의 뇌가 미지의 바이러스에 감염되어 완전히 장악당한 상태라는 사실을 밝혀냈습니다. 물론 다른 평범한 무당벌레에게서는 찾아볼 수 없는 바이러스였습니다. 연구팀은 이 새로운 바이러스를 DCPV(Dinocampus coccinellae paralysis virus)라고 이름 붙였습니다.

기생 말벌은 무당벌레를 마취시키고 알을 낳을 때, 이 바이러스도 함께 무당벌레 몸속에 집어넣습니다. 바이러스는 무당벌레 몸속에서 복제를 거듭하며 수를 늘려 가는데 이때까지는 아직 뇌까지 퍼지지 않아 무해한 상태입니다. 그러다가 기생 말벌의 유충이 무당벌레 몸에서 빠져나오면 그 즉시 바이러스가 무당벌레 뇌로 흘러 들어가 뇌세포를 파괴합니다.

이때 뇌세포가 파괴되는 것은 무당벌레 자신의 면역 시스템이 작동한 결과입니다. 기생 말벌의 유충이 무당벌레 몸속에서 사는 동안에는 무당벌레가 가진 면역 유전자가 억제된 상태인데, 유충이 몸 밖으로 빠져나오면 이 면역 유전자가 다시 활성화됩니다. 이렇게 재활성화된 무당벌레의 면역 시스템이 바이러스에 감염된 자기 세포를 공격하는 것입니다.

자신의 면역 시스템에 공격당한 뇌는 이후 새로운 기생 말벌에게 재차 기생 당할 경우, 처음과 마찬가지로 다시금 마취 상태에 빠집니다.

이야기 12

거미집 모양을 바꾸는 벌

거기 서! 방금 나한테
무슨 짓을 한 거야!

은먼지거미는 기생 장수말벌이 자신에게 마취 침을 쏘고 알을 낳은 후에도 얼마간은 평소와 다름없는 생활을 한다.

거미집을 좀 손볼까?

성장한 벌 유충은 거미의 체액을 다 빨아먹기 전에 거미를 조종해 튼튼한 그물을 만들게 한다.

왠지 몸이
좀 무겁네···.

왜 이러지···.
내가 망령이 들었나···.

가생 말벌의 유충은 거미를 죽이고 번데기가 된다.

원형 그물 - 어느 거미의 이야기

이건 대체 뭘까? 내 배에 딱 붙어서 떨어지지 않는 이것 말이다. 게다가 나날이 커지는 느낌이다. 맞다, 처음에는 이렇게 크지 않았다. 그냥 작은 부스럼 같은 거라고 생각해서 크게 신경 쓰지 않고 내버려 두었다.

이걸 처음 발견한 게 언제였더라. 아무튼 몇 주 전 일이다. 그날 난 평소처럼 멋지고 아름다운 그물을 걸어놓고 사냥감을 기다리고 있었다.

잠시 후 작은 벌 한 마리가 내 그물을 향해 날아왔다.

후후, 먹이가 제 발로 날아들었군. 내 그물에 걸려드는 건 좋지만 너무 심하게 몸부림을 쳐서 그물을 망가뜨리지는 않아야 할 텐데. 이런 생각을 하며 느긋하게 상황을 지켜봤다. 그런데 벌은 그물을 피해서 내게 날아오는 것이 아닌가! 이내 따끔한 충격을 느꼈고 난 그대로 정신을 잃고 말았다.

눈을 뜨자 벌은 사라지고 없었다. 남은 것은 내 배에 생긴 작은 부스럼뿐이었다.

그리고 며칠 후, 자기 배를 쳐다보는 건 쉬운 일이 아니라서 잘은 모르겠지만, 부스럼에서 뭔가가 기어 나오는 것 같았다. 하지만 그 후 배 위에서 움직일 기미가 안 보이기에 내가 잘못 봤나 하고 넘어갔다.

아무튼 부스럼이 생기고부터는 미칠 듯이 배가 고팠다. 그물에 걸리는 벌레들을 아무리 잡아먹어도 배고픔은 가시지 않았다.

부스럼같이 생긴 무언가는 하루가 다르게 커졌다. 이제는 내 배보다 더 커 보일 정도다.

이건 대체 뭐지?

게다가 요 며칠 내 특기인 원형 그물 만들기에 문제가 생겼다. 섬세하고 아름다웠던 원형 그물은 이제 흔적조차 찾아볼 수 없다. 그저 튼튼하다는 것밖에 내세울 게 없는 못생긴 그물만 만들 뿐이다.

아까부터 배 쪽에서 뭔가가 꾸물꾸물 움직이며 내게서 힘을 빼앗아가는 게 느껴진다. 더는 그물을 만들 힘도, 도망칠 힘도 남아있지 않다. 내 마지막 그물이 고작 이런 모습이라니. 거미로서 받아들이기 힘든 최후다….

이야기 12 거미집 모양을 바꾸는 벌

거미를 조종해서 거미집 모양을 바꾸고 끝내 거미의 체액을 모두 빨아먹는 잔인한 기생벌

아름다운 원형 거미집을 만드는 은먼지거미에게 기생해서 자기한테 유리한 방향으로 조종하는 것은 바로 기생 장수말벌입니다. 기생벌이 조종하는 대상은 거미의 생명줄이라고도 할 수 있는 '거미집'입니다. 기생벌이 어째서 거미집 모양을 바꾸려고 하는지 알아보기 전에 잠시 거미와 거미줄의 비밀에 대해 살펴보도록 하겠습니다.

거미는 곤충이 아니다

이미 알고 있는 분도 있겠지만, 거미는 곤충이 아닙니다.

흔히 거미를 '벌레'라고 부르기 때문에 곤충이라고 생각하는 사람들도 많지만, 생물학적으로는 '절지동물문 거미강 거미목'에 속합니다.

곤충은 다리가 6개이고, 몸이 머리·가슴·배로 나뉘는 동물을 가리킵니다. 그런데 거미는 다리가 8개이며, 가슴이 없고 머리와 배만 있습니다. 게다가 머리와 배를 나누는 경계도 분명하지 않습니다.

거미줄은 강철보다 튼튼하다

거미는 우수한 사냥꾼으로 유명합니다. 가장 잘 알려진 사냥법은 거미줄로 덫을 쳐서 먹잇감이 걸려들 때까지 기다리는 것입니다.

덫을 만들 때 사용하는 것이 바로 거미줄입니다. 거미줄은 최고의 섬유입니다. 동일한 굵기의 강철보다 튼튼하고, 무게는 철의 5분의 1밖에 되지 않습니다. 직경 4센티미터짜리 거미줄로 초대형 여객기를 들어 올릴 수 있다고 할 정도입니다. 그 정도로 튼튼하기 때문에 실제로 참새가 거미줄에 걸려서 빠져나오지 못한 경우도 있다고 합니다.

또 거미줄에는 여러 가지 종류가 있습니다. 물에 젖으면 길이가 줄어드는 거미줄, 잡아당기면 2배로 늘어나는 거미줄 등이 있으며, 거미는 필요에 따라 거미줄을 골라서 사용한다고 합니다. 이처럼 튼튼한 동시에 유연한, 상반된 특성을 둘 다 가지고 있는 것이 거미줄입니다.

그물에 먼지를 매달아 놓는 은먼지거미

이 장에서 숙주가 되어 기생벌에게 조종당하는 것은 먼지거미속에 속하는 '은먼지거미'로, 몸길이가 3밀리미터 정도 되는 작은 거미입니다. 배 부분은 알루미늄 포일을 붙인 것처럼 빛나는 은백색을 띠고 있습니다.

은먼지거미는 자기 그물에 먼지를 매달아 놓는 습성 때문에 이런 이름이 붙었습니다. 둥근 그물 한가운데에 먼지나 먹이 찌꺼기, 탈피한 뒤 남은 껍질 등을 매달아 놓고, 그 안에서 몸을 숨긴 채 가만히 먹이를 기다리는 것입니다.

이렇게 조용히 숨어 지내는 은먼지거미를 찾아내 기생하는 것이 기생 장수말벌입니다. 거미에게만 기생하는 벌이지요.

기생 장수말벌은 은먼지거미의 몸 표면에 알을 낳을 기회를 노립니다. 거미가 저항하면 알을 원하는 정확한 장소에 낳을 수 없기 때문에 벌은 거미의 빈틈을 노려 재빠르게 마취액을 주입합니다. 그리고 마취 때문에 움직이지 못하게 된 거미에게 알을 하나 낳습니다.

숙주가 되어도 평소와 다름없는 생활을 한다

시간이 지나 마취에서 깨어난 은먼지거미는 아무 일도 없었다는 듯 예전과 같은 생활을 계속합니다. 아름답고 완벽한 모양의 거미집을 유지하기 위해 매일 여기저기를 손보며 거미줄에 걸린 벌레 등을 잡아먹습니다. 겉으로는 아무렇지 않은 듯 보이지만 거미의 표면에는 기생 장수말벌의 알이 붙어있는 상태입니다.

며칠이 지나면 부화한 알 속에서 벌 유충이 기어 나옵니다. 유충은 거미의 몸 표면에 딱 붙은 상태로 거미의 체액을 빨아먹으며 성장합니다. 거미는 매일같이 체액을 빼앗기면서도 평소와 다름없이 생활합니다.

벌이 거미를 살아있는 상태로 두는 데는 몇 가지 이유가 있습니다. 거미를 죽이지 않고 서서히 조금씩 체액을 빨아먹으면, 살아있는 동안은 외부의 적으로부터 자기 몸을 지키려고 하는 거미 덕분에 벌 유충도 결과적으로는 보호를 받게 됩니다. 또 평소처럼 거미가 먹잇감을 사냥할 수 있도록 내버려 둠으로써 벌의 유충이 먹을 체액을 보충하는 의미도 있습니다.

벌 유충이 언제까지나 거미를 살려두는 것은 아닙니다. 번데기가 되기 전에 숙주인 거미의 체액을 모두 빨아먹어 거미를 죽게 만듭니다.

그리고 거미가 죽기 전에 숙주를 조종해서 거미집 모양을 바꾸게 합니다. 벌 유충은 거미를 죽이기 직전에 거미 몸속에 어떤 물질을 투입합니다. 그러면 거미는 지금까지 먹이를 잡기 위해 나선형으로 촘촘하게 엮었던 그물에 손을 대 가느다란 거미줄은 줄이고 약간의 거미줄로 중심을 지탱하는 모양의 그물을 만들어냅니다. 성기어진 거미집에는 솜 같은 모양의 장식이 달려 있습니다.

거미집 모양을 바꾸게 하는 이유

벌의 유충은 어째서 거미집을 이런 모양으로 바꾸게 하는 것일까요? 물론 살아남기 위해서입니다.

성장한 벌 유충은 성충이 되기 전에 우선 번데기 과정을 거쳐야 합니다. 번데기는 움직이지 못하기 때문에 외부의 적에게 무방비하게 노출된 상태입니다. 벌은 이렇듯 무방비한 상태로 거미 그물 위에서 열흘 정도를 지내야 합니다.

또 먹이를 잡는 데 특화된 거미집은 매우 가느다란 거미줄을 사용해 정교하게 만들어졌기 때문에 날아다니는 동물이나 비바람 등에 쉽게 망가지는 경우가 있습니다. 숙주인 거미가 살아있는 동안은 망가진 거미집을 보수할 수 있지만, 벌은 번데기가 되기 전에 숙주를 죽여야 합니다. 집주인인 거미가 죽어버리면 집을 고칠 수 없기 때문에 거미집은 금세 낡아버립니다.

이런 문제들을 해결하기 위해 벌 유충은 거미를 죽이기 전에 거미집을 튼튼한 모양으로 바꿔 짓게 하는 것입니다.

실제로 일본 고베대학교 연구팀이 이러한 거미집에 사용된 거미줄의 강도를 측정해보니 벌에게 조종당해 만든 그물은 거미가 탈피에 대비해 만드는 '휴식 그물'에 비해 테두리 부분은 3배 이상, 가운데 부분은 30배 이상 튼튼하다는 결과가 나왔습니다.

거미줄에 붙이는 솜 모양 장식의 용도

숙주인 거미는 벌에게 조종당해 튼튼한 그물을 만들고, 거기에 솜 모양의 장식을 답니다. 이 장식은 중요한 역할을 합니다. 자외선을 반사하는 것입니다.

자외선은 사람에게는 보이지 않지만 새나 곤충에게는 잘 보입니다. 다시 말해 이 장식은 날아다니는 새나 곤충이 자칫 거미집에 걸리지 않도록 신호를 보내는 역할을 하는 것입니다.

숙주 거미의 불쌍한 최후

벌이 번데기 상태인 동안 충분히 견딜 수 있는 튼튼한 그물을 만들고 나면 이제 숙주 거미는 벌에게 필요 없는 존재가 됩니다. 이 시기가 되면 벌 유충은 숙주 거미와 비슷한 크기로 성장한 상태입니다.

벌 유충은 거미를 죽이고 거미의 몸에서 떨어져 번데기가 됩니다. 번데기가 되기 위해서는 거미가 만들어놓은 그물에 스스로 매달려야 하는데, 벌 유충에게는 다리가 없습니다.

여기서도 벌 유충은 놀라운 기술을 선보입니다. 거미를 죽일 때가 되면 유충 등에는 미세한 자모(가시털)가 난 돌기가 생깁니다. 벌 유충은 지금까지 딱 달라붙어 있었던 거미의 체액을 전부 빨아먹어 거미를 죽게 만든 후, 이 돌기를 이용해 그물에 매달려 번데기가 됩니다.

쥐가 고양이를 두려워하지 않게 만드는 기생충
!?
종숙주
새로운 개체를 만들어낸다.
오시스트(충란)
톡소플라스마의 일생
시스트(낭포)
중간 숙주
낳아서 기른다.
톡소플라스마에 뇌를 조종 당하는 생쥐
너 따윈 하나도 안 무섭다고!
저 녀석 제정신인가?!

사라진 친구 - 어느 쥐의 이야기

너희 인간들은 우리 생쥐들을 별로 좋아하지 않는 것 같아.

뭐, 왜 싫어하는지는 대충 알 것도 같지만 말이야.

날이 추워지면 남의 집 지붕 밑에 몰래 숨어들기도 하고, 거기서 아기 생쥐들을 잔뜩 낳기도 하고. 또 그 집 부엌에서 먹을 걸 슬쩍하기도 하지.

우리는 하루에 자기 체중의 3분의 1 정도 되는 양을 먹으니 꽤 많이 먹는 편이긴 하지만, 그래도 너희 인간들이 쌓아두고 있는 엄청난 양의 식량에 비하면 그리 대단한 것도 아니지 않나?

우리가 보기에 너희 인간들은 거인인 셈이야. 인간 1명이 생쥐 300마리를 합친 것보다 더 무겁다고. 자기보다 300배나 더 큰 생물이라니, 상상이 돼?

그러고 보니 현재 땅 위에 사는 생물 중 인간보다 300배 이상 큰 건 존재하지 않는군.

육지 생물 중 가장 큰 코끼리가 10톤 정도니까 인간에 비하면 150배 정도 되려나.

그러니까 내가 말하고 싶은 건 우리 생쥐들에게 인간은 상상을 초월할 정도로 거대하고 무시무시한 생물이라는 거야. 그걸 좀 알아줬으면 해.

크고 거대한 인간들의 집에서 아주 작고 조그마한 틈새를 빌려 사는 거니까 조금만 더 관용적인 태도로 대해줄 수는 없겠어?

너희는 우리 발소리가 시끄럽고 냄새가 지독하다는 이유로 독이 든 먹이를 놔두거나 덫을 설치하곤 하지. 하지만 그런 걸로 우리를 쫓아내지는 못할걸.

우리 생쥐에게는 인간한테 없는 능력이 아주 많아서 얼마든지 위험을 감지하고 피할 수 있거든.

우선 우리는 귀가 아주 밝아. 그래서 예민한 귀 덕분에 위험을 예측하고 도망치거나 먹이를 사냥할 수 있지. 인간이 듣지 못하는 초음파도 들을 수 있어서 평소 생쥐들끼리는 초음파로 대화한다고. 그래서 우리 발소리는 자주 들어봤어도 울음소리는 거의 들은 적이 없을걸?

뛰어난 건 귀뿐만이 아니야. 우리는 미각도 후각도 인간보다 훨씬 발달했어. 독이 든 먹이를 알아채는 건 일도 아니라고.

이런 수 저런 수를 써서 우리를 죽이거나 쫓아내려고 하는 너희 인간도 좀 너무하지만, 심보가 고약하기로는 고양이도 만만치 않지.

어떤 의미로는 인간보다 더할지도.

고양이란 녀석은 뛰어난 운동 능력을 타고난 천부적인 사냥꾼인데다가 귀도 아주 밝거든. 일단 녀석들한테 들키면 그걸로 끝이라고 할 수 있지. 운 좋게 아주 좁은 틈새로 도망치기라도 하지 않는 한 말이야.

고양이는 체취가 거의 없는 대신 소변 냄새는 아주 고약한 편이야. 그래서 우리는 뛰어난 후각을 이용해 고양이 소변 냄새가 나는 곳에는 가까이 가지 않아. 목숨이 걸린 일이니까.

그런데 가끔 생쥐들 중에서도 이상한 놈이 있기는 해. 술에 취한 것처럼 비틀거리고, 움직임도 굼뜬 녀석이 "이 몸은 생쥐님이시다! 고양이 따위는 조금도 두렵지 않다!"고 호언장담하며 고양이 소변 냄새가 나는 영역을 침범하기도 하지.

그런 녀석이 어떻게 되는지는 말하지 않아도 알겠지? 물론 두 번 다시 살아 돌아오지 못해.

이야기 13 | 취가 고양이를 두려워하지 않게 만드는 기생충

숙주인 생쥐를 감염시켜 의도적으로 고양이에게 잡아먹히게 만드는 기생성 원생동물 톡소플라스마

생쥐의 놀라운 능력

지금까지 다양한 기생생물을 소개했습니다만, 우리 인간도 기생생물과 전혀 관련이 없지는 않습니다. 우선 '톡소플라스마'에 대해 살펴보도록 하겠습니다.

다다다다닷. 다다다다닷.

지붕 밑에서 작은 동물이 달려가는 소리가 들리는가 싶더니 다음 날에는 생쥐 특유의 강렬한 똥오줌 냄새가 방 안에 가득합니

다. 독이 든 먹이 놓아두기, 생쥐가 싫어하는 초음파를 내보내는 기계를 지붕 밑에 설치하기, 생쥐가 들어올 만한 입구 막기, 유독가스 살포하기 등 온갖 수단을 동원해보지만 밤마다 들려오는 소음과 강렬한 악취는 사라지지 않습니다. 이런 경험을 해본 분들도 있을 것입니다.

생쥐는 몸집은 작지만, 뛰어난 능력을 발휘해서 인간이 놓은 덫을 피해 남의 집 지붕 밑에서 유유자적 생활을 이어갑니다. 생쥐를 조종하는 기생충 이야기를 하기 전에 먼저 생쥐의 놀라운 능력에 대해 소개해보겠습니다.

생쥐는 개나 고양이보다 청각이 발달해 초음파라고 하는 2만 헤르츠 이상의 주파수도 들을 수 있다고 합니다. 이 뛰어난 청각을 이용해 다양한 종류의 소리를 구분하고 위험을 예측해서 피하는 것입니다. 생쥐의 청각을 역으로 이용해 초음파 생쥐 퇴치기라는 상품도 판매되고 있습니다. 생쥐가 시끄럽다고 느끼는 초음파를 계속해서 흘려보냄으로써 생쥐를 집에서 쫓아내는 구조입니다.

또 생쥐의 털과 수염은 주위의 진동이나 장애물을 민감하게 감지해 재빨리 그 장소에서 달아날 수 있도록 함으로써 자신을 보호하는 역할을 합니다. 생쥐를 잡기 위한 끈끈이라는 것이 있는데, 생쥐는 수염으로 이 끈끈이의 존재를 알아차리고 피해 가기도 합니다.

생쥐는 미각과 후각도 발달했기 때문에 맛이나 냄새로 독이 든 먹이를 구별할 수 있습니다. 생쥐가 가진 후각 수용체는 1,000종 이상이어서 인간의 3배 이상 냄새를 잘 맡는다고 합니다.

이처럼 청각, 촉각, 미각, 후각이 모두 뛰어나고 경계심이 강한 생쥐이지만, 어떤 기생충에게 감염되면 완전히 다른 행동을 보이게 됩니다. 이 기생충은 톡소플라스마라는 아주 작은 미생물입니다.

생쥐를 비롯해 고양이나 사람도 감염되는 톡소플라스마

톡소플라스마란, 정단복합체충문 구포자충강에 속하는 기생성 원생생물의 일종입니다. 폭 2~3마이크로미터, 길이 4~7마이크로미터 정도 되는 반달형 단세포생물로, 인간이나 생쥐를 비롯한 대부분의 포유류와 조류에 기생해서 톡소플라스마병을 유발합니다.

톡소플라스마에 생쥐나 고양이는 물론 인간도 감염될 수 있는데, 인간에서 인간으로 감염되는 일은 없습니다. 인간은 톡소플라스마의 낭포(막에 싸여 휴면 중인 원충)를 통해 감염된 동물의 날고기를 먹어서 감염되거나, 톡소플라스마에 감염된 고양이의 배설물이나 배설물이 섞인 흙 등을 만진 후에 입을 통해 감염되는 경우가 대부분입니다.

입으로 들어온 톡소플라스마는 소화관 벽을 통해 세포 속으로 침입한 후, 분열을 거듭하며 활발히 증식합니다. 인체는 몸속으로 들어온 톡소플라스마를 제거하기 위해 면역 응답(외부에서 동물 체내로 유입된 항원이 기존에 존재하던 항체나 면역 세포로부터 생산된 항체와 만나 면역 반응을 일으키는 일-옮긴이)을 일으킵니다. 그러면 톡소플라스마는 중추신경계나 근육 안에서 조직 낭포라고 불리는 형태가 됩니다. 조직 낭포는 안정적인 벽으로 싸여 있기 때문에 면역계의 공격을 받지 않고 계속 살아남을 수 있습니다.

톡소플라스마에 감염되더라도 건강한 사람이라면 대부분 아무런 증상도 나타나지 않습니다. 만약 증상이 나타나더라도 가벼운 감기 정도에 그치는 경우가 많습니다. 문제는 임신 중에 처음 감염된 경우인데, 톡소플라스마가 태반을 통과해서 태아에게 감염되면 눈이나 뇌에 장애가 생기는 경우가 있습니다.

세계 인구의 3분의 1 정도가 톡소플라스마에 감염되어 있으며, 일본에서는 전체 인구의 약 10퍼센트가 감염되었다고 합니다.

대부분의 포유류와 조류가 톡소플라스마에 감염될 수 있지만, 이들은 어디까지나 중간 숙주에 불과하며, 톡소플라스마가 최종적으로 도달해서 새로운 개체를 만들어내는 종숙주는 딱 한 종류밖에 없습니다. 바로 고양이입니다. 톡소플라스마는 고양이한테까지 이동하기 위해 인간이나 생쥐 같은 포유류를 매개체로 삼는 것입니다.

생쥐의 행동을 조작해서 고양이에게 잡아먹히기 쉽게 한다?

톡소플라스마는 인간이나 생쥐 같은 중간 숙주의 몸속에서 다 자라 새로운 개체를 만들 수 있게 되면 종숙주인 고양이에게로 이동해서 유성생식(암수 개체가 생식 세포를 만들고 그 생식 세포가 다시 결합하여 새로운 개체가 되는 생식 방법-옮긴이)을 합니다. 다시 말해 성장 단계에 맞춰 기생하는 숙주를 바꾸지 않으면 성장이나 번식이 불가능합니다.

그렇기 때문에 톡소플라스마는 성장기에 신세를 진 중간 숙주인 생쥐를 떠나 고양이한테로 옮겨가기 위해 숙주인 생쥐가 고양이에게 잡아먹히기 쉽도록 생쥐의 행동을 변화시키는 것입니다.

지금까지 진행된 연구를 통해 톡소플라스마에 감염된 생쥐는 고양이에게 잡아먹히기 쉽도록 반응이 느려지거나, 무엇인가에 홀린 듯 고양이 오줌 냄새를 따라가거나, 무기력해져 위험을 두려워하지 않게 된다는 사실이 밝혀졌습니다.

생쥐가 이렇게 변하는 이유는 최근까지도 수수께끼로 남아있었습니다만, 2009년 영국의 한 연구팀이 그 비밀을 밝힐 중요한 열쇠를 발견했습니다.

톡소플라스마의 DNA를 해석한 결과, 그 안에 신경전달물질인 도파민의 합성에 관여하는 효소의 유전자가 존재한다는 사실을 알게 된 것입니다. 도파민은 쾌락 호르몬이라고도 불릴 정도로 행복감이나 호기심, 모험심 등에 큰 영향을 미치는 뇌 속 화학물질입니다.

즉, 톡소플라스마의 숙주가 된 생쥐의 뇌에서는 도파민이 분비됨으로써 공포심은 사라지고 대신 자신감과 모험심이 충만하게 되며, 그 결과 고양이를 두려워하지 않는 대담무쌍한 행동을 하게 된다는 것입니다.

뇌에 침입하는 톡소플라스마

톡소플라스마가 어떻게 생쥐의 행동을 조종하는지에 대해 많은 연구가 진행된 결과, 톡소플라스마가 숙주의 면역 세포를 타고 숙주의 뇌로 이동한다는 사실이 밝혀졌습니다.

앞서 설명한 바와 같이 톡소플라스마는 입을 통해 감염됩니다. 물론 숙주도 가만히 앉아서 침입을 허용하는 것은 아닙니다. 보통은 기생충이나 병원균 등이 입으로 들어오면 숙주의 면역체계가 작동해서 이들을 곧바로 제거함으로써 감염이 온몸으로 퍼지지 않도록 합니다. 하지만 톡소플라스마는 숙주의 입을 통해 들어와서 온몸으로 퍼져나가 뇌까지 도달하는 것입니다.

뇌까지 도달하는 기생충이나 병원균은 매우 드문 편입니다. 뇌는 동물의 중심이 되는 매우 중요한 부분으로, 이를 보호하기 위해 뇌에는 혈액뇌관문이라는 방어막이 있기 때문입니다.

뇌 이외의 모세혈관에는 세포와 세포 사이에 넓은 틈이 있어 크기가 큰 분자도 통과할 수 있지만, 뇌에 있는 모세혈관은 안쪽 세포가 빽빽하게 들어차 아미노산, 당, 카페인, 니코틴, 알코올 등 일부 물질만 통과시키는 시스템을 갖추고 있습니다. 이렇게 해서 커다란 분자, 병원균, 기생충 같은 유해물질로부터 뇌를 보호하는 것입니다.

하지만 톡소플라스마는 뇌에 침입할 수 있습니다. 톡소플라스마가 숙주의 뇌에 침입하는 방법에 대해서는 아직까지 모든 것이 밝혀지지는 않았지만, 2012년 스웨덴의 카롤린스카연구소 감염학센터 소속 연구원인 안토니오 바라간이 이끄는 연구팀이 방법의 일부를 밝히는 데 성공했습니다.

연구팀이 톡소플라스마에 감염된 실험용 쥐를 조사해보니 원래대로라면 기생충을 공격해서 죽여야 할 면역 세포 안에 톡소플라스마가 서식하고 있는 것으로 나타났습니다. 이 면역 세포는 혈액 중 백혈구의 일종으로, 나뭇가지를 닮았기 때문에 '수지상 세포'라고 합니다. 수지상 세포는 원래 면역계의 문지기 역할을 합니다. 하지만 톡소플라스마는 기생충을 제거하는 기능을 갖춘 이 면역 세포를 이용해 숙주의 몸속에서 이동한 결과, 마침내 숙주의 뇌에까지 도달한 것입니다. 도대체 어떻게 해서 면역 세포를 이동 수단으로 삼을 수 있었던 것일까요?

면역 세포는 자극을 받지 않는 한 움직이지 않습니다. 톡소플라스마가 면역 세포를 조종하는 것은 불가능하며, 수지상 세포는 자신이 감염되었다는 사실조차 인식하지 못합니다. 그렇다면 무엇이 수지상 세포를 움직이게 하는 것일까요?

연구팀은 가바(감마아미노낙산)라는 신경전달물질이 이 문제와 관련되어 있다는 사실을 알아냈습니다. 가바는 브레이크 역할을 하는 억제성 신경전달물질로, 다양한 뇌 기능에 관여합니다.

일본의 한 제과업체가 가바라는 초콜릿 상품을 개발했는데, 광고에 따르면 이 초콜릿에는 가바 성분이 함유되어 있어서 먹으면 스트레스가 풀리고 마음이 평온해진다고 합니다. 하지만 사실 입으로 섭취한 가바는 뇌에 직접적으로 작용하지 않습니다. 뇌의 모세혈관에 존재하는 혈액뇌관문이 가바를 통과시키지 못하기 때문입니다.

앞에서 말했듯이 뇌 속으로 침입하기 위해서는 혈액뇌관문을 통과해야 하는데, 입으로 섭취한 가바는 분자량이 너무 커서 걸려버립니다. 뇌에 존재하는 가바는 혈액뇌관문을 통과할 수 있는 아미노산의 일종인 글루타민 등을 뇌에서 합성한 것입니다.

다시 본론으로 돌아오면, 톡소플라스마에 감염된 숙주의 수지상 세포에서 바로 이 신경전달물질인 가바가 발견되었습니다. 즉 톡소플라스마에 감염된 수지상 세포가 가바를 분비하고, 이것이 같은 수지상 세포의 바깥쪽에 있는 가바 수용체를 자극함으로써 톡소플라스마에 감염된 세포의 이동 능력이 활성화된다는 사실이 배양 세포를 이용한 실험을 통해 밝혀졌습니다.

이러한 실험 결과는 톡소플라스마가 가바를 이용해 숙주의 뇌까지 이동한 후, 뇌를 조종하고 있을 가능성을 시사하고 있습니다. 톡소플라스마가 감염된 수지상 세포에게 강제로 가바를 만들게 하고, 이 가바를 이용해 온몸으로 이동할 수 있게 됨으로써 숙주의 뇌에 도달해 뇌를 조종하게 된다는 것입니다.

가바는 억제성 신경전달물질이기 때문에 가바의 양이 늘어나면 긴장이 풀리고 공포심이나 불안감이 저하됩니다. 톡소플라스마에 감염된 숙주의 공포심이 줄어드는 이유는 감염된 면역 세포가 뇌로 이동해 가바의 농도가 높아지기 때문입니다.

이처럼 눈에 보이지 않을 정도로 작은 미생물인 톡소플라스마는 숙주의 행동 변화를 일으킴으로써 자기에게 유리하도록 조종하는, 대단히 수준 높은 기술을 구사합니다. 사실 이러한 행동 조작은 생쥐뿐만 아니라 인간에게도 일어난다고 합니다.

사람까지 조종하는 기생충

짜증 - 어느 인간의 이야기

아내한테 내가 요즘 신경질적이고 질투가 심해졌다는 소리를 들었다.

결혼하고 3년 차가 제일 위험하다던데, 위기가 찾아온 것일까. 결혼 초부터 그렇긴 했지만, 난 매일 일에 쫓긴다. 하지만 아내는 내가 야근 때문에 늦게 집에 와도 화를 내기는커녕 아무렇지 않은 듯 평온한 얼굴을 하고 있다.

동료들은 좋은 아내를 두었다고 부러워하지만 왠지 수상하다. 그래서 아내가 씻는 동안 핸드폰을 훔쳐보려다가 들키고 말았다. 평소에는 걱정이 될 정도로 느긋하고 온화한 성격의 아내가 어디 안 좋은 거 아니냐며 이상한 눈빛으로 쳐다봤다. 나는 잠자코 아내를 노려보다가 방으로 들어가 문을 쾅 닫았다.

잠시 후, 방문을 긁는 소리가 났다. 반년 전 아내가 주워온 검은 고양이다.

문을 열어주자 야옹 하며 유연한 꼬리로 내 다리를 감아올리고는 금빛 유리알 같은 눈동자로 나를 올려다본다. 아내가 애원하기에 마지못해 기르기로 한 것인데, 지금은 아내보다 나를 더 잘 따른다. 그리고 지금처럼 내 기분이 좋지 않을 때는 늘 방까지 따라와 옆에 있어준다.

다음 날 아침, 뚱한 얼굴로 출근 준비를 하는데 아내가 말을 걸어왔다.

"당신, 요즘 좀 이상한 듯해요. 어제 일뿐만 아니라 요즘 운전할 때도 툭하면 화를 내고, 지난주에는 속도위반까지 했잖아요. 병원에 가보는 게 어때요?"

생각하니 또 열 받는다. 내가 어디가 이상하다는 건지.

빵빵! 빠아아아아앙~! 젠장, 파란불로 바뀐 건 나도 안다고!

반응이 좀 늦었다고 이따위로 경적을 울려대다니, 일단 내려서 뒤차 운전자한테 한 마디 해줘야 속이 풀리겠다.

사고를 잘 낸다? 툭하면 신경질을 부린다?
창업을 하고 싶어진다?
인간을 변화시키는 기생충의 정체는?

고양이 특유의 부드러운 털, 사뿐사뿐 구름 위를 걷는 듯한 캣워크, 종잡을 수 없는 성격, 그리고 기분 좋을 때 내는 갸르릉 소리.

고양이의 조상은 약 13만 년 전, 중동 지역의 사막에 살던 리비아살쾡이라고 알려져 있습니다. 키프로스섬에 있는 실로우로캄보스 유적에서 인간과 함께 매장된 고양잇과 동물의 유골이 발견되면서 지금으로부터 약 9,500년 전에는 고양이를 인간의 파트너로 여겼던 것 같다고 추측하게 되었습니다.

고대 이집트에서 고양이는 신의 상징이자 숭배의 대상이었습니다. 반대로 중세 유럽에서는 악마나 마녀의 앞잡이라고 해서 대량 학살이 이루어지기도 했습니다. 어찌 되었든 신이나 악마의 화신이라고 생각할 정도로 고양이가 신비로운 분위기를 지닌 것은 사실입니다.

이처럼 고대에서 현대에 이르기까지 9,000년이 넘는 긴 세월 동안 인간에게 사랑받으며 인간과 함께 살아온 고양이의 몸속에는 톡소플라스마라는 미생물이 살고 있습니다. 앞 장에서 설명한, 숙주의 행동 변화를 일으키는 바로 그 톡소플라스마입니다. 톡소플라스마는 고양이 몸속이 아닌 곳에서는 번식을 하지 못하기 때문에 중간 숙주가 생쥐인 경우에는 생쥐의 행동을 변화시켜 고양이를 두려워하지 않게 함으로써 고양이에게 잡아먹히도록 유도합니다.

그리고 이러한 행동 변화는 생쥐뿐만 아니라 인간에게도 일어난다고 합니다.

교통사고를 당하기 쉬워진다?

2006년 터키에서 진행된 연구에서는 교통사고를 당한 경험이 있는 21~40세의 성인 남녀 운전자 185명과 교통사고를 당한 경험이 없는 185명(대조군)을 대상으로 톡소플라스마에 대한 두 종류의 항체를 조사했습니다.

하나는 IgM형 항체로, 톡소플라스마에 감염된 후 일주일 안에 나타나며 3~6개월 후 체내에서 사라집니다. 즉, 어떤 사람이 이 IgM형 항체를 가지고 있다면 최근에 톡소플라스마에 감염되었다는 사실을 알 수 있습니다. 다른 하나는 IgG형 항체로, 감염 초기뿐만 아니라 치유 후에도 남아있기 때문에 이 항체를 가지고 있다면 그 사람은 톡소플라스마에 감염된 적이 있다는 사실을 의미합니다.

연구 논문에서는 교통사고를 경험한 사람 중 3.24퍼센트가 IgM형 항체를 가지고 있는 것으로 나타나 톡소플라스마 감염 초기 단계임을 알 수 있었습니다. 하지만 같은 지역에 사는 비슷한 연령대의 대조군(교통사고를 당한 적이 없는 집단)에서 이 항체를 가진 사람은 0.54퍼센트에 불과해 무려 6배나 차이가 나는 것으로 나타났습니다.

또 과거에 톡소플라스마에 감염된 적이 있음을 나타내는 IgG형 항체를 가진 사람의 비율은 교통사고를 당한 적이 있는 집단에서는 24.3퍼센트로 4명 중 1명꼴이었지만, 교통사고를 당한 적이 없는 대조군에서는 6.5퍼센트만이 이 항체를 가지고 있었습니다.

이 사실을 통해 톡소플라스마 감염 여부와 교통사고를 당할 가능성 사이에는 일종의 상관관계가 있으며, 따라서 교통사고 방지 전략을 세울 때는 운전자의 잠재적인 톡소플라스마 감염 여부를 고려할 필요가 있다고 생각하게 되었습니다.

2009년 체코 프라하에서는 정기검진을 위해 중앙군사병원을 방문한 신병 3,890명을 대상으로 톡소플라스마 감염과 RhD 혈액형의 관계에 대한 조사가 이루어졌습니다. RhD 혈액형은 ABO 혈액형과는 다른 혈액 단백으로 구성되어 있습니다.

검사 결과, 톡소플라스마에 감염된 적이 있고 RhD 음성 혈액형을 가진 군인은 톡소플라스마에 감염된 적이 없고 RhD 양성 혈액형을 가진 군인보다 6배나 더 많이 교통사고를 낸 적이 있는 것으로 나타났습니다. RhD 음성 혈액형, 즉 RhD 단백질이 없다는 사실과 톡소플라스마가 어떻게 관련되어 교통사고 발생률을 높이는지는 알 수 없지만, 무엇인가 관계가 있다는 것은 분명해 보입니다.

톡소플라스마와 교통사고의 연관성

왜 톡소플라스마에 감염되면 사고를 내기 쉬워지는가? 그 이유 중 하나로 톡소플라스마에 감염되면 반응시간이 길어지기 때문이 아니냐는 의견이 있습니다. 단순한 반응시간을 알아보는 실험을 해본 결과, 톡소플라스마에 감염된 사람들은 감염되지 않은 사람들보다 반응시간이 긴 것으로 나타났습니다.

툭하면 신경질을 부린다?

한편, 톡소플라스마가 인간의 정신적인 면에 미치는 영향도 있습니다.

시카고대학교에서 1991년부터 진행해온 연구를 토대로 발표한 논문에는 화를 잘 내는 사람과 톡소플라스마 감염 간의 관계에 대한 내용이 담겨있습니다.

이 실험에서는 신문과 잡지에 '화를 잘 내는 사람'을 구한다는 공고를 내서 몇 주 또는 몇 개월에 한 번씩 정기적으로 화를 잘 내는 사람을 모집했습니다. 여기서 말하는 '화를 잘 내는 사람'이란 평소에는 지극히 정상적인 사람이 우울증이나 불안신경증을 앓고 있지 않은데도 어떤 계기로 인해 갑자기 손을 쓸 수 없을 정도로 흥분하는 경우를 말합니다.

이 조사에 따르면 '화를 잘 내는 사람'과 '보통 사람'은 톡소플라스마 감염률에서 차이가 있었습니다. 전체 358명 중 '보통 사람'의 톡소플라스마 감염률은 9퍼센트였던 반면, '화를 잘 내는 사람'의 감염률은 22퍼센트였습니다. 또 톡소플라스마 원충에 감염되면 '화를 잘 내는 사람'과 '보통 사람' 모두 분노와 공격성의 정도가 심해지는 경향을 보였습니다. 참고로 우울증이나 불안신경증에 걸릴 확률이 늘어나지는 않았습니다.

만약 톡소플라스마가 정신적인 장애를 유발한다면 두 가지 가설을 생각해볼 수 있습니다. 첫 번째는 톡소플라스마 재활성화 가설입니다. 톡소플라스마 원충은 한 번 감염되면 체내에서 완전히 사라지지 않고 이를 면역으로 억제하는 상태가 유지됩니다. 따라서 추후 어떤 원인에 의해 면역체계가 약해지면 체내에 있는 톡소플라스마가 재활성화되어 정신에 영향을 준다는 것입니다. 두 번째는 면역체계 피로 가설입니다. 톡소플라스마 원충에 감염되면 면역체계가 감염을 억제하기 위해 계속해서 작동하기 때문에 피로해져서 정신에 악영향을 준다는 것입니다.

위 실험 결과만으로는 톡소플라스마 원충이 화를 유발한다고 단언하기 어렵지만, 돌발적인 분노와 톡소플라스마 감염 사이에는 무엇인가 관계가 있어 보입니다.

감염으로 인한 영향은 성별에 따라 다르다

톡소플라스마 만성 감염으로 인해 인간의 행동이나 인격에도 변화가 나타난다는 연구 결과가 다수 발표되었으며, 성별에 따라 변화 내용에 차이가 있다는 사실도 알게 되었습니다.

톡소플라스마에 감염된 남성은 집중력이 낮아지고, 위험하고 독단적인 행동이 늘어나며, 시기·의심·질투 등이 심해지는 경향을 보였습니다. 한편 톡소플라스마에 감염된 여성은 사회 규율을 중시하고, 남들과 잘 어울리며, 더 지적이고 우호적인 모습을 보일

뿐만 아니라 자기에게 만족하고, 자신감이 넘치는 동시에 감수성과 애정이 풍부해지는 경향을 보였습니다. 또 남성과 여성 모두 톡소플라스마에 감염된 사람은 감염되지 않은 사람에 비해 강한 불안감을 느끼는 것으로 나타났습니다.

창업을 하고 싶게 만드는 미생물?

2018년 미국 연구팀이 톡소플라스마에 감염된 사람은 창업 욕구가 강해진다는 연구 결과를 발표했습니다. 이 연구에서는 미국 대학생 약 1,500명을 대상으로 톡소플라스마 감염과 창업 욕구 사이의 연관성을 살펴보았으며, 동시에 전 세계 42개국의 톡소플라스마 감염과 창업 실태에 관한 과거 25년간의 데이터를 비교·분석했습니다.

그 결과, 타액 검사에서 톡소플라스마 감염 진단을 받은 학생은 감염되지 않은 학생에 비해 상경계열 전공을 선택하는 비율이 1.4배 더 높은 것으로 나타났으며, 상경계열 중에서도 회계나 재무보다 경영이나 창업 관련 내용을 공부하는 비율이 1.7배 더 높았습니다.

또 국가별로 살펴보아도 톡소플라스마 감염률이 높은 나라에서는 창업을 주저하게 만드는 '실패에 대한 두려움'에 대해 언급하는 응답자의 비율이 낮은 것으로 나타나, 톡소플라스마 감염률이 높

을수록 창업 활동이 활발해지고 창업 욕구가 높아진다는 사실을 알 수 있었습니다.

톡소플라스마에 감염된 생쥐는 고양이를 두려워하지 않고 대담한 행동을 하게 되는데, 인간에게도 비슷한 증상이 나타나는 것 같습니다.

이처럼 기생충 감염으로 인해 인격이나 성격, 감정까지 달라진다는 연구 결과를 보면 자신의 생각이나 감정마저 무엇인가의 영향을 받고 있는 것이 아닌가 싶어 불안해지기도 합니다.

뇌를 지배해 숙주를 흉포하게 만드는 기생 바이러스
Vol. 1
타액, 혈액, 각막 안에서 대량으로 발견된다.
광견병 바이러스
바이러스는 운동신경과 지각신경 말단에 침입한다.
바이러스는 자기 힘으로 증식할 수 없기 때문에 다른 생물의 세포를 이용해서 증식하는 거야.

이상한 변화 - 어느 개의 이야기

"시로…."

조금 전만 해도 몸을 움찔대며 낮게 그르렁대던 시로는 이제 더 이상 움직이지 않았다. 나는 그런 시로를 멍하니 쳐다보았다. 이제야 겨우 편해진 듯했다.

조심스레 손을 뻗어 목을 쓰다듬으니 긴 털에 묻혀 있던 빨간 가죽 목걸이에 손끝이 닿았다. 새하얀 시로에게는 붉은색이 잘 어울린다며 고집을 부려 산 빨간 목걸이는 색이 바래고 군데군데 가죽이 벗겨져 있었다.

시로를 처음 만났을 때의 기억은 어렴풋하다. 하지만 하얗고 커다란 인형 같은 시로는 내가 엄마한테 혼나서 울고 있을 때도, 친구랑 다투고 울면서 집에 돌아올 때도, 악몽에 시달릴 때도 늘 맑은 눈동자로 나를 보며 옆에 있어줬다.

우리는 셀 수 없이 많은 시간을 함께 했다. 내가 싫어하는 피망이 저녁 반찬으로 나왔을 때는 식탁 밑으로 몰래 떨어뜨리면 시로가 대신 먹어주기도 했다. 형제가 없는 나로서는 형제가 있다는 게 어떤 느낌인지 정확히 알 수는 없지만, 내게 시로는 형제 같은 존재였다. 기분 나쁜 일이나 슬픈 일이 있을 때도 혓바닥을 내밀고 학학대며 웃는 시로를 보면 우울한 감정이 눈 녹듯 사라졌다.

그런데 지금 내 앞에 누워있는 시로는 내가 알던 시로가 아니었다. 눈처럼 새하얗던 털은 침과 오물로 더러워져 창고에 박아둔 낡은 대걸레 같았고, 이빨은 군데군데 빠져 있으며, 피투성이 입 밖으로 혀를 길게 늘어뜨리고 있었다. 시로가 이렇게 된 건 모두 내 탓이다.

그날, 나는 평소처럼 시로와 함께 산책로를 따라 걷고 있었다. 내가 학교에서 돌아오기만 기다리던 시로가 빨리 데리고 나가달라며 내 주위를 맴돌았기 때문이다. 그때 10분만 일찍 나갔어도 그 개를 만날 일은 없었을 텐데.

그 개는 우리가 늘 걷는 산책로 옆에 있는 숲에서 갑자기 튀어나왔다.

빼빼 마른데다가 털은 꾀죄죄하고, 어디가 아픈 듯 입을 벌리고 침을 뚝뚝 흘리는 게 아무리 봐도 정상은 아닌 것 같았다.

누구네 개지? 생각하고 있을 때, 그 개가 낮게 으르렁대며 날카로운 송곳니를 드러내더니 갑자기 나를 향해 돌진해왔다.

이대로 있으면 그 개에게 물리겠다는 생각에 나는 자리에 주저앉아 최대한 몸을 웅크렸다. 하지만 예상했던 아픔은 느껴지지 않았다.

"컹!"

눈을 떠보니 웅크리고 앉아있는 내 앞을 시로가 막아서고 있었고, 시로의 새하얀 목 주위는 온통 새빨간 피로 물들어 있었다.

나는 계속 으르렁대며 달려들려고 하는 미친개를 피해 시로와 함께 전속력으로 달아났다.

개는 한동안 우리를 쫓아왔지만 다리에 이상이 있는지 비틀거리며 제대로 달리지 못하는 것 같았다.

무사히 집으로 돌아온 후, 나는 바로 시로를 병원으로 데려가 상처를 치료했다. 며칠 지나지 않아 상처는 아물었고, 다시 산책도 하게 되었다.

그런데 2주쯤 지나자 시로가 먹이를 입에 대지 않았다. 먹이는커녕 물도 안 먹고, 입안 가득 거품을 물고는 침을 질질 흘렸다. 그리고 지금까지 한 번도 크게 짖거나 으르렁댄 적이 없었는데 어금니를 보이며 나를 공격하려고 했다.

그런 시로의 모습은 그날 산책로에서 만난 미친개를 방불케 했다. 이런 생각을 하며 나는 지난밤 시로에게 물린 손가락에 난 작은 상처를 꾹 눌렀다.

감염자 대부분을 죽음에 이르게 하는 광견병 바이러스의 위협

순한 개를 미친개로 만들어버리는 기생 바이러스. 바로 광견병 바이러스입니다. 광견병 바이러스에 감염된 개는 입에서 침을 흘리면서 신음소리를 내고, 성격이 공격적으로 변해 사람이나 동물을 향해 달려들게 됩니다. 광견병 바이러스는 감염된 생물의 뇌를 조종해 갑자기 이유 없이 강한 분노를 느끼게 만듭니다. 감염을 전파하기 위해 다른 생물을 공격하도록 유도하는 것입니다.

좀비 영화를 보면 일정한 규칙성이 있습니다. 좀비에게 물린 인간은 좀비가 되는데, 좀비가 된 사람은 원래의 인간성을 잃고 매우 사나워지며, 팔다리가 삐걱거리는 듯한 어색한 움직임을 보입니다. 그리고 다른 인간을 공격해 새로운 좀비를 만들어냅니다. 좀비의 이러한 특징은 광견병 증상과 매우 유사합니다. 광견병은 개뿐만 아니라 인간을 비롯한 다른 포유류에게도 전염됩니다. 일단 발병하면 치료할 방법이 없어 거의 100퍼센트 사망에 이르게 되는 매우 위험한 전염병입니다.

광견병이 개에게서 사람에게로 전염된다는 사실은 이미 3,000년 전 바빌로니아인들도 알고 있었습니다. 그러한 과거의 질병이 오랜 세월이 흐르는 동안 사라지기는커녕 오늘날에도 여전히 커다란 위협으로 남아 전 세계적으로 매년 약 5만 5,000명이 이 질환으로 사망하고 있습니다.

광견병으로 목숨을 잃는 환자의 대부분은 어린아이입니다. 광견병에 걸린 것으로 추정되는 동물에게 물린 사람 중 약 40퍼센트가 15세 미만의 아이들이라고 합니다. 지역별로 살펴보면 사망자의 95퍼센트 이상이 아프리카와 아시아에서 발생하고 있습니다. 일본에서도 19세기 말부터 20세기 초까지 많은 사람이 광견병으로 목숨을 잃었지만, 최근에는 이로 인해 사망한 사례는 보고된 바 없습니다.

일본의 광견병

일본에서 광견병에 걸린 사례가 보고되기 시작한 것은 18세기 이후부터입니다. 18세기 말에는 광견병이 유행해 상당히 광범위하게 퍼지기도 했습니다. 1873년 도쿄에서는 광견병의 확산을 막기 위해 관련 규칙을 정비했는데, 이에 따르면 미친개는 주인이 살처분해야 하며, 길에 미친개가 있으면 경찰을 비롯해 누구나 이 개를 때려죽일 수 있었다고 합니다. 그 후에도 일본 각지에서 광견병이 유행했으며, 그때마다 많은 개가 학살당했습니다.

1910년대에 들어 집단 예방접종이 이루어지면서 광견병 발생 건수가 줄어들었고, 1956년에 보고된 건을 마지막으로 현재까지 발생하지 않고 있습니다.

현재 일본 국내에서는 광견병이 발생하지 않고 있지만, 해외에서 유입된 사례는 있습니다. 2006년 필리핀에서 개에게 물린 일본인 남성 2명이 귀국 후 몸에 이상을 느껴 병원에 입원했습니다. 하지만 이미 발병한 후였기 때문에 치료한 보람도 없이 사망하고 말았습니다.

감염자를 흉포하게 만드는 바이러스

광견병을 일으키는 원인은 랍도바이러스과에 속하는 광견병 바이러스입니다. 광견병 바이러스의 이름이기도 한 영어 'rabies'는 산

스크리트어로 광폭한 행동을 뜻하는 'rabhas'라는 단어에서 유래한 것으로 보입니다.

애초에 바이러스는 생물계에서 매우 미묘한 존재입니다. 바이러스는 생물이라기보다는 물질에 가깝기 때문에 생물과 무생물 사이에 위치한 중간적인 존재로 알려져 있습니다. 바이러스는 자신의 유전자 정보만 가지고 있으며, 일반적인 생물과 달리 호흡·대사·배설 등을 하지 않고, 에너지를 만들어내지도 않습니다.

또 생물은 세포 분열이나 생식 등 다양한 방법을 통해 스스로 자기 복제를 할 수 있습니다. 하지만 바이러스는 혼자 힘으로는 자기 복제가 불가능합니다. 그렇기 때문에 대신 다른 생물의 세포에 달라붙어서 그 세포의 기능을 빼앗아 자기 복제를 합니다. 즉, 자기 복제도 증식도 다른 생물에 의존해서 이루어진다는 점에서 생물과는 다르다고 할 수 있습니다.

순한 개가 미친개가 되기까지

보통 광견병 바이러스는 감염된 동물에게 물려서 전염되는 경우가 많습니다. 물린 상처를 통해 바이러스가 몸속으로 들어왔다고 해서 곧바로 증상이 나타나는 것은 아닙니다. 바이러스는 우선 상처 주변의 근육 속에서 증식한 후, 이어서 운동신경과 지각신경 말단에 침입합니다.

증식한 바이러스는 신경을 타고 전신으로 퍼져 신경 이외의 다른 부위에서도 증식합니다. 이로 인해 타액이나 혈액, 각막 등에 바이러스가 만연하게 됨으로써 각종 신경장애를 유발합니다.

광견병 환자의 특징 중 하나로 입에 거품을 물고 침을 흘리는 증상이 있습니다. 이것은 광견병 바이러스가 음식을 씹어 삼키는 작용과 관련된 신경 및 침샘을 공격하기 때문에 일어나는 현상입니다.

또 광견병 바이러스가 몸에 퍼지면 물을 두려워하게 되기 때문에 광견병을 다른 말로 '공수병'이라고도 합니다. 광견병 환자가 물을 두려워하게 되는 것은 바이러스 때문에 근육이 경련을 일으켜 물을 삼킬 때마다 심한 고통을 느끼기 때문이라고 합니다.

광견병 바이러스에 감염되어 발병한 개는 성질이 사나워지고 다른 동물을 공격하게 되기 때문에 감염이 확산됩니다. 이때 공격의 대상은 다른 동물일 때도 있고 사람일 때도 있는데, 같은 바이러스에 감염되더라도 인간과 개는 각기 다른 증상을 보입니다.

또 광견병은 발병하면 100퍼센트 사망한다는 것이 정설로 여겨졌지만, 기적적으로 되살아난 사례도 극히 드물게 존재합니다. 다음 장에서 이어서 살펴보도록 하겠습니다.

뇌를 지배해 숙주를 흉포하게 만드는 기생 바이러스
Vol. 2
신경을 타고 전신에 퍼져 뇌를 향해 움직인다.
콱
광견병 바이러스
이동 속도는 하루에 몇 밀리미터에서 몇십 밀리미터 정도다.
사망률은 거의 100퍼센트
1년에 한 번 꼭 광견병 백신 접종을 해야 한다고.

악몽 - 어느 소녀의 이야기

시로가 죽고 3개월이 지났다.

나는 학교에 가고 친구들과 어울리며 예전과 다름없는 시간을 보내고 있다. 시로를 잃고 매일 밤 나를 괴롭히던 악몽도 줄어들었다.

꿈속에서 시로는 매번 같은 모습이다. 입에서 침을 질질 흘리면서 낮게 으르렁대다가 절뚝거리며 다가와 내게 달려든다.

황급히 두 팔로 얼굴을 가려보지만 시로의 날카로운 송곳니가 가운뎃손가락 끝을 파고드는 게 느껴진다. 칼로 찌르는 듯한 격심한 통증이 이어진다.

악몽은 늘 여기서 끝난다.

시로에게 물린 손끝 상처는 다 아물었는데도 여전히 기분 나쁜 거무죽죽한 색을 띠고 있다. 악몽에서 깨어나면 매번 상처에서 타는 듯한 아픔이 느껴진다.

부모님께는 이 작은 상처가 시로에게 물려서 생긴 거라는 말은 하지 못했다.

시로가 침을 흘리고 으르렁대며 공격성을 드러내자 부모님은 곧바로 시로를 동물병원에 데려갔다.

시로는 나쁜 병에 걸린 거라고, 병원에서 치료를 받으면 금방 원래대로 돌아올 거라고 그땐 그렇게 믿고 있었다.

병원에 도착하자마자 시로에게는 입마개가 채워졌다. 옴짝달싹 못 하게 된 시로는 몸을 움찔거리며 어금니를 드러내고 으르렁댔다.

얼굴은 내 쪽을 향하고 있었지만, 눈동자는 더 이상 나를 보고 있지 않았다. 어디를 보고 있는지 알 수 없는, 광기와 공포로 가득 찬 눈을 한 시로는 내가 알던 시로가 아니었다.

시로에게 주사를 한 대 놓자, 경련이 멈추고 몸에서 힘이 빠져나가는 듯싶더니 더는 움직이지 않게 되었다. 축 늘어뜨린 혀에서는 침이 흘러내려 바닥을 적셨다.

바닥에 고인 침을 바라보고 있던 내게 의사 선생님과 부모님은 시로에게 물리지는 않았는지 물었다.

나는 무의식적으로 손끝 상처를 감추고는 물리지 않았다고 대답했다.

다행히 상처는 손가락을 모으고 있으면 다른 손가락에 가려질 정도로 작았다. 이런 작은 상처 따윈 금방 나을 거라고 생각했다. 그리고 만약 상처가 났다는 사실을 들키면 내게도 시로처럼 입마개를 채울 것 같아 무서웠기 때문이다.

상처는 끊임없이 욱신거렸다.

오늘은 왠지 기운이 하나도 없고 온몸이 쑤셔서 침대에서 일어날 수가 없다. 엄마를 부르고 싶은데 목이 잠겨서 소리도 나오지 않는다.

그렇게 한동안 이불 속에 웅크리고 있는데 어디선가 시로의 숨소리가 들려오는 듯했다.

"학, 학…."

하지만 그건 고통 때문에 나도 모르는 사이에 가빠진 내 숨소리였다.

박쥐를 통해 광견병에 걸렸다가 기적적으로 살아남은 소녀

인간에게 어떻게 전염되는가

인간을 비롯한 모든 포유류는 광견병 바이러스에 감염될 수 있습니다. 광견병 바이러스는 타액 속에 존재하며, 이 바이러스에 감염된 동물은 사납고 공격적으로 변하기 때문에 인간은 이들 동물이 물거나 할퀸 상처에 묻은 타액을 통해 전염되는 경우가 대부분입니다.

그 외에도 감염 동물이 사람의 눈이나 입술 등 점막 부분을 핥아서 감염되거나, 바이러스에 감염된 박쥐가 서식하는 동굴에 들어갔다가 기도를 통해 광견병 바이러스에 전염된 사례 등이 있습니다.

좀비 영화에서처럼 광견병에 걸린 사람이 다른 사람을 물어서 감염시킨 사례는 아직까지 보고된 바가 없습니다만, 광견병에 걸린 장기 기증자의 각막·신장·간장 등을 이식받은 환자가 광견병 바이러스에 감염된 경우는 있었습니다.

감염에서 발병까지 걸리는 시간

상처 등을 통해 감염된 바이러스는 신경을 타고 전신에 퍼져 뇌를 향해 이동합니다. 광견병 바이러스가 몸속에서 이동하는 속도는 하루에 몇 밀리미터에서 몇십 밀리미터 정도로 그리 빠르지 않습니다.

감염된 후 증상이 나타나기까지의 잠복 기간은 일반적으로 뇌에서 멀리 떨어진 부위를 물릴수록 길어지며, 발병률도 낮아지는 경향을 보입니다.

개의 경우에는 약 80퍼센트가 10~80일 정도의 잠복 기간을 거쳐 발병하는데, 증상이 나타나기까지 1년 이상 걸린 사례도 있습니다. 인간의 경우에는 약 60퍼센트가 30~90일 정도의 잠복 기간을 거쳐 발병했으며, 개중에는 10일 만에 증상이 나타나거나 반대로 7년이라는 긴 잠복 기간을 거쳐 발병한 사례도 있었습니다.

인간이 광견병에 걸리면

광견병 초기 증상은 발열, 두통, 구역질 등 독감 증상과 비슷합니다. 병이 진행되면서 강한 불안감이나 일시적인 착란, 물 공포증, 바람 공포증, 마비, 운동실조(신경이나 뇌의 장애로 인해 몸 여러 부분이 조화를 잃어 운동을 하고자 해도 하지 못하는 질환-옮긴이), 전신경련 등과 같은 증상이 나타나며, 이윽고 혼수상태에 빠져 호흡 장애로 사망하게 됩니다.

광견병을 '공수병'이라고도 부르는 이유에 대해서는 앞 장에서 이미 설명한 바 있습니다. 바이러스에 감염되면 신경이 예민해지기 때문에 물을 마시려고 하면 반사적으로 심한 경련이 일어나 물 마시는 행위 자체를 두려워하게 된다는 것입니다.

두려움을 나타내는 반응은 물이나 바람뿐만 아니라 빛에 대해서도 마찬가지입니다. 게다가 이런 증상이 나타날 때 환자의 의식은 명료한 상태이기 때문에 강한 불안감이나 공포를 동반하는 것이 특징입니다.

광견병의 두 가지 증상 - 광폭형과 마비형

광견병 증상은 광폭형과 마비형으로 나뉩니다. 광폭형은 극도로 흥분해 다른 동물을 무는 등 공격적인 행동을 보입니다. 개의 경우에는 70~80퍼센트가 여기에 해당합니다.

반면 마비형은 다른 동물을 공격하는 경우가 드물며, 광폭형에 비해 뚜렷한 증상이 나타나지 않고, 긴 시간에 걸쳐 서서히 근육이 마비되고 혼수상태가 천천히 진행된다는 특징이 있습니다.

광폭형이든 마비형이든 광견병은 일단 증상이 나타난 이후에는 유효한 치료 방법이 없기 때문에 사망률이 거의 100퍼센트에 이르는 매우 무서운 병입니다.

광견병에 걸려 살아남은 소녀

광견병에 걸린 경우, 아직 증상이 나타나기 전이라면 서둘러 백신과 면역 혈청을 투여함으로써 증상이 발현되는 것을 막을 수 있습니다. 광견병 바이러스는 신경을 타고 뇌로 퍼질 때까지 시간이 걸리기 때문에 그 사이에 면역 혈청과 백신으로 뇌 안에서 바이러스가 증식하는 것을 막아 증상이 발현되지 않도록 하는 것입니다. 하지만 바이러스가 뇌에 도달해 일단 증상이 발현되면 더는 치료할 방법이 없기 때문에 그 환자는 죽을 수밖에 없다고 여겨졌습니다.

그런데 2004년 미국에서 광견병에 걸린 15세 소녀가 증상이 나타났는데도 회복된 사례가 보고되었습니다.

이 소녀는 병원에서 진찰을 받았을 때 이미 피로감, 구토, 시야 이상, 정신 이상, 운동실조 등의 증상을 보여 당시 소녀를 진찰한 의사는 뇌염이 아닌지 의심했습니다. 그 후 상태가 점점 더 심해져 타액 과다 및 왼팔 경련 증상까지 나타났습니다.

소녀의 부모는 4주 전 교회 창문에 부딪혀 떨어진 박쥐를 붙잡아서 밖으로 내보내려고 했을 때 소녀가 왼손 엄지손가락을 물렸다고 했습니다. 미국에서는 박쥐를 통해 광견병 바이러스에 감염되는 경우가 종종 있습니다.

바이러스 검사 결과, 소녀의 혈액과 골수에서 광견병 바이러스 항체가 발견되었습니다. 골수에서 광견병 바이러스 항체가 발견되었다는 것은 소녀의 뇌까지 바이러스가 퍼졌다는 사실을 의미합니다. 절망적인 결과였습니다. 왜냐하면 당시에는 바이러스가 뇌까지 퍼져서 살아남은 사람은 한 명도 없었기 때문입니다.

하지만 소녀를 담당한 의사는 포기하지 않고 광견병 바이러스에 관한 논문들을 샅샅이 조사해 소녀를 구할 실마리를 찾고자 했습니다. 그는 여러 논문에서 얻은 정보를 통해 광견병 바이러스는 뇌세포를 파괴하지 않고 뇌에서 나오는 신경 전달을 방해하며, 이로 인해 뇌에서 내려오는 지시가 장기에 도달하지 않게 됨으로써 심장이나 호흡이 멈춰 죽음에 이르게 되는 것이라고 추정하게 되었습니다.

소녀의 담당의는 이런 정보를 바탕으로 실험적인 치료 계획을 세웠습니다. 우선 동물 실험에서 광견병 바이러스 저지 효과가 확인된 마취약을 사용해 소녀를 혼수상태로 만들었습니다. 뇌의 활동을 억제함으로써 소녀의 면역체계가 항체를 분비해 바이러스를 무찌를 때까지 시간을 벌고자 한 것입니다.

이어서 항바이러스제를 투여했습니다. 그러자 소녀는 일주일 정도 혼수상태가 이어진 후 서서히 회복했고, 2개월 반이 지나자 무사히 퇴원하게 되었습니다.

이 치료 방법은 '밀워키 프로토콜'이라고 합니다. 밀워키 프로토콜은 광견병에 걸린 사람을 치료하기 위한 실험적인 치료 방법으로, 지금까지 50명 이상이 이 치료를 받았고, 그중 6명이 회복된 것으로 알려졌습니다.

바이러스는 어떻게 숙주를 공격적으로 만드는가

바이러스는 세포 구조를 가지고 있지 않으며, 생물인지 여부도 불확실한 존재입니다. 광견병 바이러스는 유전자가 5개밖에 없는데도 고도의 면역·중추신경계를 갖추고 있으며, 2만 개가 넘는 유전자를 가진 개의 행동을 변화시킬 수 있습니다.

지극히 단순한 구조를 가진 광견병 바이러스가 어떻게 숙주의 뇌를 장악해서 숙주를 공격적으로 만들 수 있는 것일까요?

이 문제에 대해서는 지금까지 밝혀진 바가 거의 없었는데, 2017년 미국의 연구팀이 관련 논문을 발표했습니다. 논문에서는 뱀독과의 상동성(같은 종이나 다른 종 개체들 사이에 존재하는 유전자 및 단백질의 유사한 성질-옮긴이)을 가진 광견병 바이러스 표면의 당단백질 영역이 중추신경계에 존재하는 니코틴성 아세틸콜린 수용체를 저해함으로써 숙주의 공격성에 영향을 줄 가능성을 시사하고 있습니다.

맺음말

지구상에 존재하는 3,000만 종이 넘는 생물들은 40억 년이라는 긴 시간 동안 다양한 환경에 적응하고 진화하는 과정에서 서로 직간접적인 영향을 주고받으며 살아왔습니다. 이러한 관계 속에서 이 책에서 소개한 기생생물들의 기묘한 형태, 영양분을 얻기 위한 놀라운 구조, 번식을 위한 생존 전략 등도 함께 진화해온 것입니다.

현재 생물 다양성은 전 세계적으로 위기 상황에 놓여 있는데, 생물 다양성을 유지하는 데 가장 해로운 존재는 인간이라고 합니다. 왜냐하면 호모 사피엔스라는 생물 한 종이 2020년 현재 77억 명까지 불어났기 때문입니다. 이것이 얼마나 어마어마한 일인지 상상이 되시나요? 이해를 돕기 위해 인간과 마찬가지로 전 세계에 분포해 있으며 무서운 속도로 번식해나가는 경이로운 존재, 본문에서도 등장한 '바퀴벌레'와 비교해보도록 하겠습니다.

전 세계에 존재하는 바퀴벌레를 다 합치면 1조 5,000억 마리 정도 된다고 합니다. 인간보다 훨씬 많다고 생각할 수도 있겠지만, 이 수는 4,000종이 넘는 바퀴벌레들을 모두 합친 것이기 때문에 한 종만 놓고 비교한다면 인간의 압승이라고 할 수 있습니다.

일반적으로 동물은 몸 크기에 비례해 필요로 하는 에너지가 많아지고, 한 개체당 생활에 필요로 하는 공간도 넓어지기 때문에 개체 수는 줄어듭니다.

바퀴벌레와 인간은 크기가 전혀 다르기 때문에 기준을 통일해 보도록 하겠습니다. 지구상에 존재하는 바퀴벌레가 인간과 동일한 양의 에너지를 필요로 하는 생명체라고 가정한다면, 즉 바퀴벌레를 인간으로 환산한다면 몇 마리나 될까요? 몸길이 3센티미터로 비교적 큰 편에 속하는 먹바퀴의 체중은 2그램 정도 됩니다. 인간의 체중을 60킬로그램(6만 그램)이라고 한다면, 인간 1명이 먹바퀴 약 3만 마리와 맞먹게 됩니다.

그렇다면 지구상에 존재하는 4,000종의 바퀴벌레 1조 5,000억 마리를 모아서 인간의 크기로 만들면 몇 명이 될지 계산해봅시다. 답은 약 5,000만 명입니다. 다시 말해 전 세계 바퀴벌레를 다 합쳐봤자 일본 인구의 절반에도 못 미친다는 뜻입니다.

인간의 생물분류학상 학명은 호모 사피엔스입니다. 여기서 호모란 사람속을 뜻합니다. 현재 사람속에 속하는 생물은 우리 인간밖에 없지만, 원래는 10종 정도 존재했던 것으로 알려져 있습니다. 약 2만 년 전까지는 겉으로 보기에 우리와 똑같은 사람속이 존재했는데, 이들을 멸종시킨 것이 바로 호모 사피엔스라는 학설이 유력하게 받아들여지고 있습니다. 어쩌면 우리 호모 사피엔스는 그때부터 다양성을 존중하지 않는 배타적인 종족이었기에 다른 사람종을 모두 멸종시켜버렸고, 그 결과 현재 지구상에 단 한 종만 남아 폭발적으로 그 수를 늘려가고 있는 것인지도 모르겠습니다. 인간이라는 한 종만 지나치게 증식하게 되면, 이 책에 나오는 것처럼 긴 세월을 거쳐 진화해온 특이한 생물들을 멸종시켜버리는 결과를 불러오게 될지도 모릅니다. 과거 사람속이 그러했듯이 말입니다.

참고문헌

이야기 01 _ 사마귀와 연가시

Biron, D.G., Marché, L., Ponton, F., Loxdale, H.D., Galéotti, N.,Renault, L., Joly, C. and Thomas, F. (2005) Behavioural manipulation in a grasshopper harbouring hairworm: a proteomics approach. Proceedings of the Royal Society B: Biological Sciences 272: 2117-2126.
Biron, D.G., Ponton, F., Marché, L. et al. (2006) 'Suicide' of crickets harbouring hairworms: a proteomics investigation. Insect Molecular Biology 15: 731-742.
Thomas, F., Schmidt-Rhaesa, A., Martin, G., Manu, C., Durand, P. and Renaud, F. (2002) Do hairworms (Nematomorpha) manipulate the water seeking behaviour of their terrestrial hosts? Journal of Evolutionary Biology 15: 356-361.
Sato, T., Watanabe, K., Kanaiwa, M., Niizuma, Y., Harada, Y. and Lafferty, K.D. (2011) Nematomorph parasites drive energy flow through a riparian ecosystem. Ecology 92: 201-207.

이야기 02 · 03 _ 에메랄드는쟁이벌 ①·②

Haspel, G., Rosenberg, L. A. and Libersat, F. (2003) Direct injection of venom by a predatory wasp into cockroach brain. Journal of Neurobiology 56: 287-292.
Hopkin, M. (2007) How to make a zombie cockroach. Nature News, 29 November.
Libersat, F. (2003) Wasp uses venom cocktail to manipulate the behavior of its cockroach prey. Journal of Comparative Physiology A 189: 497-508.
Rosenberg, L.A.,Glusman, J.G.and Libersat, F. (2007) Octopamine partially restores walking in hypokinetic cockroaches stung by the parasitoid wasp Ampulex compressa. Journal of Experimental Biology 210: 4411-4417.

이야기 04 _ 좀비 개미

Andersen, S.B., Hughes, D.P. (2012) Host specificity of parasite manipulation : Zombie ant death location in Thailand vs. Brazil. Communicative & Integrative Biology 5 : 163-165.
Evans, H.C., Elliot, S.L., Hughes, D.P. (2011) Hidden Diversity Behind the Zombie-Ant Fungus Ophiocordyceps unilateralis : Four New Species Described from Carpenter Ants in Minas Gerais , Brazil. PLoS ONE 6 : e17024.
Hughes, D.P., Andersen, S.B., Hywel-Jones, N.L., Himaman, W., Billen, J. and Boomsma, J.J. (2011) Behavioral mechanisms and morphological symptoms of zombie ants dying from fungal infection. BMC Ecology 11-13.

이야기 05 _ 좀비 애벌레

Adamo, S., Linn, C., Beckage, N. (1997) Correlation between changes in host behaviour and octopamine levels in the tobacco hornworm Manduca sexta parasitized by the gregarious braconid parasitoid wasp Cotesia congregata. Journal of Experimental Biology 200 : 117-127.
Brodeur, J., Vet, L.E.M. (1994) Usurpation of host behaviour by a parasitic wasp. Animal Behaviour 48 : 187-192.
Grosman, A.H., Janssen, A., de Brito, E.F.,Cordeiro, E.G., Colares, F., Fonseca, J.O.,

Lima, E.R., Pallini, A. and Sabelis, M.W. (2008) Parasitoid increases survival of its pupae by inducing hosts to fight predators. PLoS ONE 3 : e2276.
『ゾンビ伝説　ハイチのゾンビの謎に挑む』ウェイド・デイヴィス／樋口幸子訳（1998）第三書館

이야기 06 _ 주머니벌레와 암컷화하는 게

Glenner, H., Hebsgaard, M.B. (2006) Phylogeny and evolution of life history strategies of the parasitic barnacles (Crustacea, Cirripedia, Rhizocephala). Molecular Phylogenetics and Evolution 41 : 528-538.
Walker, G. (2001) Introduction to the Rhizocephala (Crustacea : Cirripedia). Journal of Morphology 249 : 1-8.
高橋徹「性をあやつる寄生虫、フクロムシ」『フィールドの寄生虫学——水族寄生虫学の最前線』長澤和也編著 (2004) 東海大学出版会

이야기 07 _ 아카시아 개미

Clement, L.W., Köppen, S.C.W., Brand, W.A., Heil, M. (2008) Strategies of a parasite of the ant-Acacia mutualism. Behavioral Ecology and Sociobiology 62 : 953-962.
Heil, M., Rattke, J., Boland, W. (2005) Postsecretory hydrolysis of nectar sucrose and specialization in ant / plant mutualism. Science 308 : 560-563.

이야기 08 _ 사무라이개미

Liu, Zhibin, Bagnères, Anne-Geneviève, Yamane, S., Wang, Qingchuan and Kojima, J. (2003) Cuticular hydrocarbons in workers of the slave-making ant Polyergus samurai and its slave, Formica japonica (Hymenoptera : Formicidae). Entomological Science 6 : 125-133.
Martin, S.J., Takahashi, J., Ono, M. and Drijfhout, F. P. (2008) Is the social parasite Vespa dybowskii using chemical transparency to get her eggs accepted? Journal of Insect Physiology 54 : 700-707.
Tsuneoka, Y. (2008) Host colony usurpation by the queen of the Japanese pirate ant, Polyergus samurai (hymenoptera : formicidae). Journal of Ethology 26 : 243-247.

이야기 09 · 10 _ 뻐꾸기의 탁란 전략 ① · ②

Feeney, W.E., Welbergen, J.A., Langmore, N.E. (2014) Advances in the Study of Coevolution Between Avian Brood Parasites and Their Hosts. Annual Review of Ecology, Evolution, and Systematics 45: 227-246.
Lotem, A., Nakamura, H., Zahavi, A. (1995) Constraints on egg discrimination and cuckoo-host co-evolution. Animal Behaviour 49: 1185–1209.
Stevens, M., Troscianko, J., Spottiswoode, C.N. (2013) Repeated targeting of the same hosts by a brood parasite compromises host egg rejection. Nature Communications 4: 2475.
中村浩志 (1990)「カッコウと宿主の相互進化」『遺伝』44　pp.47–51.
佐藤哲 (2008)「ナマズ類の多様な繁殖行動」『鯰〈ナマズ〉　イメージとその素顔』pp.164-178.

이야기 11 _ 어느 무당벌레의 수난

Dheilly, N.M., Maure, F., Ravallec, M., Galinier, R., Doyon, J., Duval, D., Leger, L., Volkoff, A.N., Missé, D., Nidelet, S., Demolombe, V., Brodeur, J., Gourbal, B., Thomas,F. and Mitta, G. (2015) Who is the puppet master? Replication of a parasitic wasp-associated virus correlates with host behaviour manipulation. Proceedings of the Royal Society B, 282 : 20142773.

Maure, F., Brodeur, J., Ponlet, N., Doyon, J., Firlej, A., Elguero, É. and Thomas, F. (2011) The cost of a bodyguard. Biology Letters 7 : 843-846.

Triltsch, H. (1996) On the parasitization of the ladybird Coccinella septempunctata L. (Col., Coccinellidae) Journal of Applied Entomology 120 : 375-378.

이야기 12 _ 거미집 모양을 바꾸는 벌

高須賀圭三 (2015)「クモヒメバチによる寄主操作―ハチがクモの造網様式を操る―」『生物科学』66 pp.89-100.

Takasuka, K., Yasui, T., Ishigami, T., Nakata, K., Matsumoto, R., Ikeda, K., Maeto, K. (2015) Host manipulation by an ichneumonid spider ectoparasitoid that takes advantage of preprogrammed web-building behaviour for its cocoon protection. Journal of Experimental Biology 218 : 2326-2332.

이야기 13 _ 쥐가 고양이를 두려워하지 않게 만드는 기생충 | 이야기 14 _ 사람까지 조종하는 기생충

Berdoy, M., Webster, J.P., Macdonald, D.W. (2000) Fatal attraction in rats infected with Toxoplasma gondii. Proceedings of the Royal Society B:Biological Sciences 267: 1591–1594.

Fuks, J.M., Arrighi, R.B., Weidner, J.M., Kumar, Mendu S., Jin, Z., Wallin, R.P., Rethi, B., Birnir, B., Barragan, A. (2012) GABAergic signaling is linked to a hypermigratory phenotype in dendritic cells infected by Toxoplasma gondii. PLoS Pathogens 8: e1003051.

Flegr, J., Klose, J., Novotná, M., Berenreitterová, M., Havliček, J. (2009) Increased incidence of traffic accidents in Toxoplasma-infected military drivers and protective effect RhD molecule revealed by a large-scale prospective cohort study. BMC Infectious Diseases 9:72.

Havliček, J., Gasová, Z.G., Smith, A.P., Zvára, K., Flegr, J. (2001) Decrease of psychomotor performance in subjects with latent 'asymptomatic' toxoplasmosis. Parasitology 122: 515-520.

Yereli, K., Balcioğlu, I.C., Ozbilgin, A. (2006) Is Toxoplasma gondii a potential risk for traffic accidents in Turkey? Forensic Science International 163: 34–37.

Sugden, K., Moffitt, T.E., Pinto, L., Poulton, R., Williams, B.S., Caspi, A. (2016) Is Toxoplasma Gondii Infection Related to Brain and Behavior Impairments in Humans? Evidence from a Population-Representative Birth Cohort. PLoS One 11 :e0148435.

Johnson, S.K., Fitza, M.A., Lerner, D.A., Calhoun, D.M., Beldon, M.A., Chan, E.T., Johnson, P.T.J. (2018) Risky business: linking Toxoplasma gondii infection and entrepreneurship behaviours across individuals and countries. Proceedings of the Royal Society B: Biological Sciences 285: 20180822.

Coccaro, E.F., Lee, R., Groer, M.W., Can, A., Coussons-Read, M., Postolache, T.T. (2016) Toxoplasma gondii infection: relationship with aggression in psychiatric subjects. Journal of Clinical Psychiatry 77: 334-341.

이야기 15 · 16 _ 뇌를 지배해 숙주를 흉포하게 만드는 기생 바이러스 ① · ②

Hueffer, K., Khatri, S., Rideout, S., Harris, M.B., Papke, R.L., Stokes, C., Schulte, M.K. (2017) Rabies virus modifies host behaviour through a snake-toxin like region of its glycoprotein that inhibits neurotransmitter receptors in the CNS. Scientific Reports 7: 12818.
Johnson, M., Newson, K. (2006) Hoping again for a miracle. Milwaukee Journal Sentinel
Fooks, A.R., Johnson, N., Freuling, C.M., Wakeley, P.R., Banyard, A.C., McElhinney, L.M., Marston, D.A., Dastjerdi, A., Wright, E., Weiss, R.A., Müller, T. (2009) Emerging technologies for the detection of rabies virus: challenges and hopes in the 21st century. PLoS Neglected Tropical Diseases 3: e530.
Moore, J. (2002) Parasites and the behavior of animals. Oxford University Press, Oxford.
Poulin, R. (1995) "Adaptive" changes in the behaviour of parasitized animals: A critical review. International Journal for Parasitology 25:1371-1383.
Pawan, J.L. (1959) The transmission of paralytic rabies in Trinidad by the vampire bat (Desmodus rotundus murinus Wagner). Caribbean Medical Journal 21: 110-136.
厚生労働省：狂犬病に関するQ&Aについて